LA MANIÈRE

D'EMBARRASSER EN SOCIÉTÉ

PAR DES

CONNAISSANCES MATHÉMATIQUES

BIEN PLUS SAVANT QUE SOI

SUIVIE

de faire toute espèce de calcul par des procédés abrégés,
simples et ingénieux qui ne sont connus que de l'auteur,
etc., etc.

Par J. N. DUMONT, Professeur
de Mathématiques.

A PARIS,

CHEZ TOUS LES LIBRAIRES.
1866.

LA MANIÈRE

D'EMBARRASSER EN SOCIÉTÉ

PAR DES

CONNAISSANCES MATHÉMATIQUES,

BIEN PLUS SAVANT QUE SOI.

C.

Les exemplaires exigés par la loi ont été déposés. Tout contrefacteur ou débitant de contrefaçons de cet ouvrage, sera poursuivi suivant la rigueur des lois. Les véritables exemplaires portent l'empreinte du sceau de l'auteur.

DUMONT.

LA
MANIÈRE D'EMBARRASSER

EN SOCIÉTÉ

PAR DES CONNAISSANCES MATHÉMATIQUES,

BIEN PLUS SAVANT QUE SOI ;

SUIVIE

de celle de faire toute espèce de calcul par des procédés abrégés, simples et ingénieux qui ne sont connus que de l'auteur.

De la Méthode inconnue de calcul ; — de Multiplications très-intéressantes ; — de la Stéganographie, ou art d'écrire en chiffres ; — de la Sténégraphie, ou art d'écrire sans lettres ; — de la Progression arithmétique ; — de la Progression géométrique ; — de la Preuve très-abrégée de l'Addition, de la Soustraction, de la Multiplication et de la Division avant que de commencer la règle ; — de la manière d'apprendre à une personne ce que l'on ne sait pas ni elle non plus ; — de celle de faire l'Addition en commençant par la gauche ; — de l'Equation ; — de Multiplications contradictoires ; — de la Manière d'écrire une lettre à quelqu'un sans qu'aucune personne puisse la lire que celle à qui on l'aura adressée, etc.

Fortuna fugit,
Scientia manet.

La fortune s'enfuit,
La science reste.

PAR J. N. DUMONT, PROFESSEUR
de Mathématiques.

A PARIS,
CHEZ TOUS LES LIBRAIRES.
1865.

1866

EXPLICATION DES SIGNES ET DES ABRÉVIATIONS D'ARITHMÉTIQUE.

$+$	*signifie*	plus ou l'addition.
$-$	id.	moins ou la soustraction.
$\times$	id,	multiplié par.
$\vdots$	id.	divisé par.
		est à.
$\dfrac{48}{4}$ ou $\dfrac{5}{15}$		Une barre placée entre deux nombres signifie que le nombre placé au-dessus doit être divisé par celui qui est placé au-dessous.
$=$	*signifie.*	égale.
$::$	id.	comme.
$\div$		progression arithmétique.
$\vdots$		progression géométrique.
$\sqrt[2]{\ }$		racine carrée à extraire.
$\sqrt[3]{\ }$		racine cubique à extraire.
a		are.
c.		centiare, centimètre, centistère, centilitre, centigramme, centime, centième.
fr.		franc.
gr.		gramme.
h. ou hect.	*signifie*	hectare, hectogr., hectolit. hectomèt.
k.	id.	kilogramme, kilomètre, kilolitre.
l.		litre.
m.		mètre.
s		stère.
p.	$^0/_0$	pour cent.
p.	$^{00}/_{00}$	pour mille.
x.		terme inconnu.
R		réponse.
P.		problème.
C.		circonférence.
D.		diamètre.
S.		surface.
D. C.		dénominateur commun.
g. c. d.		grand commun diviseur.

LA MANIÈRE

D'EMBARRASSER EN SOCIÉTÉ
PAR DES CONNAISSANCES ARITHMÉTIQUES,
BIEN PLUS SAVANT QUE SOI.

NUMÉRATION

Quand vous êtes en société et qu'un Monsieur, ou une Dame, ou une Demoiselle font les savants, posez-leur un ou plusieurs des problèmes qui sont renfermés dans cet ouvrage, et je suis persuadé d'avance qu'ils n'en donneront pas la solution.

Dites-leur :

Voulez-vous bien m'écrire en chiffres le nombre onze cent onze millions, onze cent onze mille, onze cent onze ?

Je suis persuadé d'avance que la personne à laquelle vous aurez adressé cette question accumulera les 1 les uns après les autres qu'elle ne pourra pas réussir, et que jamais elle n'arrivera à représenter sur une seule ligne le nombre indiqué, attendu qu'il n'est pas représentable.

Voici la seule manière de l'écrire

```
    1 1 1 1 0 0 0 0 0 0
      1 1 1 1 0 0 0
        1 1 1 1
  ─────────────────────
  1,1 1 2,1 1 2,1 1 1
```

Pour faire cette opératon j'écris premièrement onze cent onze millions, puis dessous onze cent onze mille, puis dessous onze cent onze. Ensuite j'en fais l'addition et j'obtiens pour total un billion ou milliard, cent douze millions, cent douze mille, cent onze, au lieu du nombre indiqué; seule manière d'écrire onze cent onze millions, onze cent onze mille, onze cent onze en un seul nombre.

———

Voulez-vous bien m'écrire en chiffres le nombre onze cent onze mille onze cent onze?

$$
\begin{array}{r}
1\,111\,000 \\
1\,111 \\
\hline
1,112,111
\end{array}
$$

Réponse. Le nombre onze cent onze mille onze cent onze, fait un million cent douze mille cent onze en un seul nombre.

———

Voulez-vous bien m'écrire en chiffres le nombre onze mille onze cent onze?

$$
\begin{array}{r}
11\,000 \\
1\,111 \\
\hline
12,111
\end{array}
$$

Réponse. Le nombre onze mille onze cent onze fait douze mille cent onze écrit en un seul nombre.

———

Voulez-vous bien écrire en chiffres le nombre douze mille douze cent douze?

$$
\begin{array}{r}
12\,000 \\
1\,212 \\
\hline
13,212
\end{array}
$$

Réponse. Le nombre douze mille douze cent douze fait, écrit en un seul nombre, treize mille deux cent douze.

Voulez-vous m'écrire en chiffres le nombre douze cent douze trillions, douze cent douze billions, douze cent douze millions, douze cent douze mille douze cent douze mètres ?

```
1 2 1 2 0 0 0 0 0 0 0 0 0 0 0 0
  1 2 1 2 0 0 0 0 0 0 0 0 0 0
    1 2 1 2 0 0 0 0 0 0 0 0
      1 2 1 2 0 0 0 0 0 0
        1 2 1 2 0 0 0
          1 2 1 2
```
1,2 1 3,2 1 3,2 1 3,2 1 3,2 1 2

Réponse. Le nombre douze cent douze trillions, douze cent douze billions, douze cent douze millions douze cent douze mille, douze cent douze mètres fait, écrit en un seul nombre, un quatrillion, deux cent treize trillions, deux cent treize billions, deux cent treize millions, deux cent treize mille, deux cent douze mètres.

Voulez-vous bien m'écrire en chiffres le nombre onze cent onze quintillions, onze cent onze quatrillions, onze cent onze trillions, onze cent onze billions, onze cent onze millions, onze cent onze mille, onze cent onze francs.

```
1 1 1 1 0 0 0 0 0 0 0 0 0 0 0 0 0 0 0 0
  1 1 1 1 0 0 0 0 0 0 0 0 0 0 0 0 0 0
    1 1 1 1 0 0 0 0 0 0 0 0 0 0 0 0
      1 1 1 1 0 0 0 0 0 0 0 0 0 0
        1 1 1 1 0 0 0 0 0 0 0 0
          1 1 1 1 0 0 0 0 0 0
            1 1 1 1 0 0 0
              1 1 1 1
```
1,1 1 2,1 1 2,1 1 2, 1 1 2,1 1 2,1 1 2,1 1 1

Réponse. Le nombre onze cent onze quintillions, onze cent onze quatrillions, onze cent onze trillions, onze cent onze billions, onze cent onze millions, onze cent onze mille, onze cent onze francs fait, écrit en un seul nombre, 1 sextillion, 112 quintillions, 112 quatrillions, 112 trillions, 112 billions, 112 millions, 112 mille, 111 francs.

———

D. Combien y a-t-il de classes d'unités, et comment les appelle-t-on ?

R. Il y a douze classes d'unités qu'on appelle ainsi : Unités, Mille, Millions, Billions, Trillions, Quatrillions Quintillions, Sextillions, Septillions, Octillions, Nonillions et Décillions.

D. Combien y a-t-il d'ordres d'unités et comment les appelle-t-on ?

R. Il y a trente-six ordres d'unités qu'on appelle ainsi : Unités, dizaines, centaines; mille, dizaines de mille, centaines de mille; millions, dizaines de millions, centaines de millions; billions, ou milliards, dizaines de billions, centaines de billions; trillions, dizaines de trillions, centaines de trillions; quatrillions, dizaines de quatrillions, centaines de quatrillions, quintillions, dizaines de quintillions, centaines de quintillions, sextillions, dizaines de sextillions, centaines de sextillions; septillions, dizaines de septillions, centaines de septillions; octillions, dizaines d'octillions, centaines d'octillions; nonillions, dizaines de nonillions, centaines de nonillions; décillions, dizaines de décillions, centaines de décillions.

MOYEN TRÈS FACILE POUR LIRE UN NOMBRE ENTIER ÉCRIT.

D. Quel est le moyen le plus facile pour lire un nombre entier écrit !

R. Le moyen le plus facile pour lire un nombre entier écrit est de le partager par des points, en tranches de trois chiffres, en commençant par la droite ; puis partant de la gauche, on lit chaque tranche d'unités comme si elle était seule en lui donnant le nom des unités de cette tranche, la dernière tranche peut n'avoir qu'un ou deux chiffres.

D. Quels sont les noms de ces tranches de trois chiffres à partir de la droite ?

R. Ces noms sont : unités, mille, millions, billions, ou milliard, trillions, quatrillions, quintillions, sextillions, septillions, octillions, nonillions, décillions.

Exemple.

Voulez-vous bien me lire le nombre
777661789856392119560633280975344427 ?

12classe 11 cl. 10 cl. 9 cl. 8 cl. 7 cl. 6 cl. 5 cl. 4 cl. 3 cl. 2 cl. 1 cl.

Décillions.	Nonillions	Octillions.	Septillions.	Sextillions.	Quintillions	Quatrillions	Trillions.	Billions.	Millions.	Mille.	Unités
777,	661,	789,	856,	392,	119,	560,	633,	280,	975,	344,	427

Réponse. 777 Décillions, 661 Nonillions, 789 Octillions, 656 Septillions, 292 Sextillions, 119 Quintillions, 560 Quatrillions, 633, Trillions, 280 Billions, 975 Millions, 344 Mille, 427 Unités.

D. Ne peut-on encore énoncer chaque chiffre isolément ?

R. Oui, on peut encore exprimer chaque chiffre en disant : sept cent décillions d'unités, soixante-dix décillions d'unités, sept décillions d'unités ; six cent nonillions d'unités, soixante nonillions d'unités, un nonillion d'unités ; sept cent octillions d'unités, quatre-vingt octillions d'unités, neuf octillions d'unités ; huit cent septillions d'unités, cinquante septillions d'unités, six septillions d'unités ; trois cent sextillions d'unités, quatre-vingt-dix sextillions d'unités, deux sextillions d'unités ; cent quintillions d'unités, dix quintillions d'unités, neuf quintillions d'unités ; cinq cent quatrillions d'unités, soixante quatrillions d'unités, zéro quatrillion d'unités ; six cent trillions d'unités, trente trillions d'unités, trois trillions d'unités ; deux cent billions d'unités, quatre-vingt billions d'unités, zéro billion d'unités ; neuf cent millions d'unités, soixante-dix millions d'unités, cinq millions d'unités ; trois cent mille unités, quarante mille unités, quatre mille unités ; quatre cents unités, vingt unités, sept unités.

Voulez-vous bien m'écrire le nom de chacun des chiffres du nombre,

275823602425875347170500917798442985457

Réponse.

1re classe — Unités	3	Unités.	1er ordre.
	1	Dizaines d'unités.	2e ordre.
	5	Centaines d'unités	3e ordre.
2e classe — Mille	9	Mille.	4e ordre.
	2	Dizaines de mille.	5e ordre.
	4	Centaines de mille.	6e ordre.
3e classe — Millions	8	Millions.	7e ordre.
	9	Dizaines de millions.	8e ordre.
	7	Centaines de millions.	9e ordre.
4e classe — Billions	7	Billions ou milliards.	10e ordre.
	1	Dizaines de billions.	11e ordre.
	9	Centaines de billions.	12e ordre.
5e classe — Trillions	0	Trillions.	13e ordre.
	0	Dizaines de trillions.	14e ordre.
	5	Centaines de trillions.	15e ordre.
6e classe — Quatrill.	0	Quatrillions.	16e ordre.
	7	Dizaines de quatrillions.	17e ordre.
	1	Centaines de quatrillions.	18e ordre.
7e classe — Quintill.	7	Quintillions,	19e ordre.
	4	Dizaines de quintillions.	20e ordre.
	5	Centaines de quintillions.	21e ordre.
8e classe — Sextillions	3	Sextillions	22e ordre.
	7	Dizaines de sextillions.	23e ordre.
	8	Centaines de sextillions.	24e ordre.
9e classe — Septillions	5	Septillions	25e ordre.
	2	Dizaines de septillions.	26e ordre.
	1	Centaines de septillions	27e ordre.
10e classe — Octillions	2	Octillions.	28e ordre.
	0	Dizaines d'octillions.	29e ordre.
	6	Centaines d'octillions.	30e ordre.
11e classe — Nonillions	5	Nonillions.	31e ordre.
	2	Dizaines de nonillions	32e ordre.
	8	Centaines de nonillions.	33e ordre.
12e classe — Décillions	3	Décillions	34e ordre.
	2	Dizaines de décillions.	35e ordre.
	2	Centaines de décillions.	36e ordre.

D. Combien y a-t-il de classes de décimales et comment les appelle-t-on ?

R. Il y a douze classes de décimales qu'on appelle ainsi : centièmes, millièmes, millionièmes, billionièmes, trillionièmes, quatrillionièmes, quintrillionièmes, sextillionièmes, septillionièmes, octillionièmes, nonillionièmes, décillionièmes.

D. Combien y a-t-il d'ordres de décimales et comment les appelle-t-on ?

R. Il y a trente-cinq ordres de décimales qu'on appelle ainsi : dixièmes, centièmes, millièmes, dix-millièmes, cent millièmes ; millionièmes, dix-millionièmes, cent-millionièmes ; billionièmes, dix-billionièmes, cent-billionièmes ; trillionièmes, dix-trillionièmes, cent-trillionièmes ; quatrillionièmes, dix-quatrillionièmes, cent-quatrillionièmes ; quintillionièmes, dix-quintillionièmes, cent-quintillionièmes, sextillionièmes, dix-sextillionièmes, cent-sextillionièmes ; septillionièmes, dix-septillionièmes, cent-septillionièmes ; octillionièmes, dix-octillionièmes, cent-octillionièmes, nonillionièmes, dix-nonillionièmes, cent-nonillionièmes, décillionièmes, dix-décillionièmes, cent-décillionièmes.

MOYEN TRÈS-FACILE POUR LIRE UN NOMBRE DÉCIMAL ÉCRIT.

D. Quel est le moyen le plus facile pour lire un nombre décimal écrit ?

R. Le moyen le plus facile pour lire un nombre décimal écrit est de le partager par des points, en tranches de deux chiffres à partir de la virgule décimale pour la première classe, et de trois chiffres pour chacune des autres classes ; ensuite énoncer chaque tranche séparément en lui donnant le nom de la dernière espèce de décimales qui la composent. La dernière tranche peut n'avoir qu'un ou deux chiffres.

D. Quel est le nom de la première tranche à partir de la virgule décimale, et quels sont les noms des autres tranches qui la suivent ?

R. Le nom de la première tranche à partir de la virgule décimale est centièmes, et les noms des autres tranches qui la suivent sont : millièmes, millionièmes, billionièmes, trillionièmes, quatrillionièmes, quintillionièmes, sextillionièmes, septillionièmes, octillionièmes, nonillionièmes, décillionièmes.

Exemple

Voulez-vous bien me lire le nombre décimal

4,2897261250643886174513245982705419A ?

1e cl. 2e cl. 3e cl. 4e cl. 5e cl. 6e cl. 7e cl. 8e cl. 9e cl. 10e cl. 11e cl. 12e cl.

cent. cent- cent- cent- cent- cent- cent- cent- cent- cent-

Unités... e cent. millième. millionié. billionié. trillionié. quatrillio. quintillio. sextillio. septillio. octillion. nonillion. décillion

4,28,972,612,506,438,861,745,132,459,827,034.194

Réponse. 4 unités, 28 centièmes, 972 cent-millièmes, 612 cent-millionièmes, 506 cent-billionièmes, 458 cent-trillionièmes, 861 cent-quatrillionièmes, 745 cent-quintillionièmes, 132 cent-sextillionième, 459 cent-septillionièmes, 827 cent-octillionièmes, 034 cent-nonillionièmes, 194 cent-décillionièmes.

D. Ne peut-on pas encore lire ce nombre d'une autre manière ?

R. Oui, on peut encore le lire ainsi :

4 unités, 28 décillions, 972 nonillions, 612 octillions, 506 septillions, 438 sextillions, 861 quintillions, 745 quatrillions, 132 trillions, 459 billions, 827 millions, 034 mille, 194 cent-décillionièmes.

D Ne peut-on pas encore énoncer chaque chiffre isolément ?

R. Oui, l'on peut encore exprimer chaque chiffre en disant : 4 unités ou 4 entiers, 2 dixièmes 8 centièmes, 9 millièmes, 7 dix-millièmes, 2 cent-millièmes, 6 millionièmes, 1 dix-millionième, 2 cent-millionièmes, 5 billionièmes, 0 dix-billionième, 6 cent-billionièmes, 4 trillionièmes, 3 dix-trillionièmes, 8 cent-trillionièmes, 8 quatrillionièmes, 6 dix-quatrillionièmes, 1 cent-quatrillionième, 7 quintillionièmes, 4 dix-quintillionièmes, 5 cent-quintillionièmes, 1 sextillionième, 3 dix-sextillionièmes, 2 cent-sextillionièmes, 4 septillionièmes, 5 dix-septillionièmes, 9 cent-septillionièmes, 8 octillionièmes, 2 dix octillionièmes, 7 cent-octillionièmes, 0 nonillionième, 3 dix-nonillionièmes, 4 cent-nonillionièmes, 1 décillionième, 9 dix-décillionièmes, 4 cent-décillionièmes,

Voulez-vous bien m'écrire le nom de chacun des chiffres du nombre décimal

7,37528976412531467291048750987525417 ?

1e classe, cent-, ième. — 2e classe, cent-, millième. — 3e classe, cent-, millionié. — 4e classe, cent-, billionié. — 5e classe, cent-, trillioni. — 6e classe, cent-, quatrillio. — 7e classe, cent-, quintil. — 8e classe, cent-, sextillio — 9e classe, cent-, septillio. — 10e classe, cent-, octillionié. — 11e classe, cent-, nonillionié. — 12e classe, cent-, décillio

7	cent-décillionièmes	35e *ordre.*
1	dix-décillionièmes	34e *ordre.*
4.	décillionièmes	33e *ordre.*
5	cent-nonillionièmes	32e *ordre.*
2	dix-nonillionièmes	31e *ordre.*
5.	nonillionièmes	30e *ordre.*
7	cent-octillionièmes	29e *ordre.*
8	dix-octillionièmes.	28e *ordre.*
9.	octillionièmes.	27e *ordre.*
0	cent-septillionièmes	26e *ordre.*
5	dix-septillionièmes	25e *ordre.*
7.	septillionièmes	24e *ordre.*
8	cent-sextillionièmes	23e *ordre.*
4	dix-sextillionièmes.	22e *ordre.*
0.	sextillionièmes	21e *ordre.*
1	cent-quintillionièmes	20e *ordre.*
9	dix-quintillionièmes.	19e *ordre.*
2.	quintillionièmes.	18e *ordre.*
7	cent-quatrillionièmes	17e *ordre.*
6	dix-quatrillionièmes	16e *ordre.*
4.	quatrillionièmes.	15e *ordre.*
1	cent-trillionièmes	14e *ordre.*
5	dix-trillionièmes	13e *ordre.*
3.	trillionièmes.	12e *ordre.*
2	cent-billionièmes	11e *ordre.*
1	dix-billionièmes.	10e *ordre.*
4.	billionièmes.	9e *ordre.*
6	cent-millionièmes	8e *ordre.*
7	dix-millionièmes.	7e *ordre.*
9.	millionièmes.	6e *ordre.*
8	cent-millièmes	5e *ordre.*
2	dix-millièmes	4e *ordre.*
5.	millièmes.	3e *ordre.*
7	centièmes.	2e *ordre.*
5	dixièmes	1er *ordre.*
,	virgule décimale	
7	unités simples	

QUESTIONS SUR LA NUMÉRATION PARLÉE OU ÉCRITE DES NOMBRES ENTIERS.

D. Voulez-vous bien me dire quelle place occupent les centaines de billions?

R. Les centaines de billions occupent la 12e place.

D. Quel rang occupent les quintillions ?

R. Ils occupent le 19e rang.

D. Quel est l'espèce d'unités qui est immédiatement inférieure aux unités de billions ?

R. C'est la centaine de millions.

D. Quelle est l'espèce d'unités qui est immédiatement supérieure aux dizaines de sextillions ?

R. C'est la centaine de sextillions.

D. Comment s'appelle l'unité du 5e ordre ?

R. Elle s'appelle dizaines de mille.

D. Comment s'appelle l'unité du 22e ordre.

R. Elle s'appelle sextillions.

D. De quel ordre sont les unités de quatrillions ?

R. Elles sont du 16e ordre.

D. De quel ordre sont les centaines d'octillions ?

R. Elles sont du 30e ordre.

D. De quelle classe et de quel ordre sont les dizaines de quintillions ?

R. Elles sont de la 5e classe, 20e ordre.

D. De quel ordre et de quelle classe sont les unités de nonillions ?

R. Elles sont du 31e ordre, 11e classe.

D. Que renferme chaque ordre ternaire ?

R. Il renferme des unités, des dizaines et des centaines.

D. Combien faut-il d'unités d'une classe pour en former une de la classe immédiatement supérieure ?

R. Il en faut mille.

D. Entre quelles espèces d'unités les centaines de millions se trouvent-elles placées?

R. Les centaines de millions se trouvent placées entre les dizaines de millions et les unités de billions.

D. Un chiffre occupe dans un nombre le 7e rang, quelle espèce d'unités représente-t-il?

R. Il représente des unités de millions.

D. Un chiffre occupe dans un nombre le 26e rang, quelle espèce d'unités représente-t-il?

R. Il représente des dizaines de septillions.

D. Quelles sont les unités du 19e ordre?

R. Ce sont les quintillions.

D. De quelle classe sont les trillions?

R. Ils sont de la 5e classe.

D. De quoi est formée la huitième classe d'unités?

R. Elle est formée des unités de sextillions, des dizaines de sextillions et des centaines de sextillions.

D. Comment s'appellent les unités du 11e ordre?

R. Elles s'appellent dizaines de billions.

D. Quelles sont les unités du 35e ordre?

R. Ce sont les dizaines de décillions.

D. Comment s'appelle le 29e chiffre des nombres entiers?

R. Il s'appelle dizaines d'octillions.

D. Comment s'appelle l'espèce d'unités qui est placée entre les dizaines de quatrillions et les quintillions?

R. Elle s'appelle centaines de quatrillions.

D. Que représente le 14e chiffre d'un nombre en comptant de droite à gauche?

R. Il représente des dizaines de trillions.

D. Combien faut-il de chiffres pour représenter des dizaines de billions?

R. Il en faut onze.

QUESTIONS SUR LA NUMÉRATION PARLÉE ET ÉCRITE DES NOMBRES DÉCIMAUX.

D. Voulez-vous bien me dire quelle place occupe les cent-millionièmes?

R. Les cent-millionièmes occupent la 8e place après la virgule décimale.

D. Quel rang occupent les quintillionièmes?

R. Ils occupent le 18e rang.

D. Quelle est l'espèce de décimale qui est immédiatement inférieure aux billionièmes?

R. C'est les cent-millionièmes.

D. Quelle est l'espèce de décimale qui est immédiatement supérieure aux dix-sextillionièmes?

R. C'est les cent-sextillionièmes.

D. Comment s'appelle la décimale du 5e ordre?

R. Elle s'appelle cent-millièmes.

D. Comment s'appelle la décimale du 22e ordre?

R. Elle s'appelle dix-sextillionièmes.

D. De quel ordre sont les quatrillionièmes?

R. Ils sont du 15e ordre.

D. De quel ordre sont les cent-octillionièmes?

R. Ils sont du 29e ordre.

D. De quelle classe et de quel ordre sont les dix-quintillionièmes.

R. Ils sont de la 7e classe, 19e ordre.

D. De quel ordre et de quelle classe sont les nonillionièmes?

R. Ils sont du 30e ordre, 11e classe.

D. Que renferme chaque ordre ternaire?

R. Chaque ordre ternaire renferme des unités, des dizaines d'unités et des centaines d'unités.

D. Combien faut-il de décimales d'une classe pour

en former une de la classe immédiatement supérieure ?

R. Il en faut mille.

D. Entre quelles espèces de décimales les cent-millionièmes se trouvent-ils placés ?

R. Ils se trouvent placés entre les dix-millionièmes et les billionièmes.

D. Un chiffre occupe le 13e rang dans un nombre décimal, que représente-t-il ?

R. Il représente des dix-trillionièmes.

D. Quelle est la décimale du 19e ordre ?

R. C'est les dix-quintillionièmes.

D. De quelle classe sont les trillionièmes ?

R. Ils sont de la 5e classe.

D. De quoi est formée la 10e classe des décimales ?

R. Elle est formée des octillionièmes, des dix-octillionièmes et des cent-octillionièmes.

D. Comment s'appelle la décimale du 14e ordre ?

R. Elle s'appelle cent-trillionièmes.

D. Quelle est la décimale du 28e ordre ?

R. C'est les dix-octillionièmes.

D. Comment s'appelle le 23e chiffre des nombres décimaux ?

R. Il s'appelle cent-sextillionièmes.

D. Comment s'appelle l'espèce de décimale qui est placée entre les dix-septillionièmes et les octillionièmes ?

R. Elle s'appelle cent-septillionièmes.

D. Que représente le 12e chiffre d'un nombre décimal ?

R. Il représente des trillionièmes.

D. Combien faut-il de chiffres mis après la virgule décimale pour représenter des dix-sextillionièmes ?

R. Il en faut 22.

ADDITION.

Monsieur veut-il bien avec 1,2,3,4,5,6,7,8,9,10, 11 et 12 me faire une addition qui ait pour total 134,343,131,313 ?

Opération.

1
2
3
4
5
6
7
8
9
10
11
12

Pour faire cette opération je dispose mes chiffres comme on le voit ci-contre, je dis : 1 et 12 font 13, j'écris 3 et j'avance 1 ; 2 et 11 font 13, j'écris 3 et j'avance 1 ; 3 et 10 font 13, j'écris 3 et j'avance 1 ; 4 et 9 font 13, j'écris 3 et j'avance 1 ; 5 et 8 font 13, j'écris 3 et j'avance 1 ; 6 et 7 font 13, j'écris 3 et j'avance 1.

Total 134,343,131,313

134 343 131 313

Madame veut-elle bien avec 1,2,3,4,5,6,7 et 8 me faire une addition qui ait pour total 9999 ?

Opération

```
1
2
3
4
5
6
7
8
─────
9 9 9 9
```

Pour faire cette opération je dispose mes chiffres comme on le voit ci-contre et je dis : 1 et 8 font 9, j'écris 9, 2 et 7 font 9, j'écris 9 ; 3 et 6 font 9, j'écris 9 ; 4 et 5 font 9 j'écris 9. Total 9 9 9 9.

Mademoiselle veut-elle bien me former avec 1,2,3, 4,5,6,7,8 et 9, un carré dont chaque ligne fasse 15 en tous sens ?

Opération

```
4  9  2
3  5  7
8  1  6
```

Pour faire cette opération je dispose mes chiffres comme on le voit ci-contre et je dis : 4 et 9 font 13 et 2 font 15 ; 3 et 5 font 8 et 7 font 15 ; 8 et 1 font 9 et 6 font 15 ; 6 et 7 font 13 et 2 font 15 ; 1 et 5 font 6 et 9 font 15 ; 8 et 3 font 11 et 4 font 15 : 2 et 5 font 7 et 8 font 15 ; 4 et 5 font 9 et 6 font 15.

───────

La moitié d'un bâton et 1/3 sont dans l'eau, et 25 centimètres sont hors de l'eau. Quelle est la longueur de tout le bâton ?

Opérations.

1re 6 D C   2e De 6   3e 1 : 0 m 25 :: 3 : x

1/3 = 3

1/3 = 2   Otez 5   × 3

= 5   Reste 1   0, 75

4e 1 : 0^m 25 :: 2 : x   5e 0^m 75 moitié du bâton

× 2   0, 50 pour le tiers

0, 50   0, 25 hors de l'eau.

= 1, 50

Réponse. La longueur de tout le bâton est de 1 mètre 50 centimètres.

———

J'ai vu un poisson dont la tête a 0 mètre 90 centimètres de longueur, sa queue est aussi longue que sa tête et la moitié de son corps, et son corps est aussi long que sa tête et sa queue réunies.

Quelle est la longueur de la queue de ce poisson et quelle est celle du corps ?

Solution

La tête a 0 m. 90 centimètres.

Le corps a autant que la tête et la queue réunies ; donc la moitié du corps plus 1 mètre 80 égale le corps entier ; ce qui fait que la moitié du corps a 1 m. 80 centimètres plus 1 m. 80 égale 3 m. 60 pour le corps entier.

La queue étant aussi longue que la tête et la moitié du corps, a 0 m. 90 centimètres plus 1 m. 80 égale 2 m. 70.

Opérations.

1re Tête 0 m. 90   2° 1 m. 80 moitié du corps
                        + 1 m. 80 autre moitié du corps
                        ─────────────────────────────
                        = 5 m. 60 pour le corps entier

3° 0 m. 90 cent. tête
+ 1 m. 80 moitié du corps
──────────────────────────────
= 2 m. 70 longueur de la queue.

R. La longueur du corps de ce poisson est de 5 mètres 60 centimètres, et celle de sa queue de 2 mètres 70.

Opérations.

Voulez-vous bien me dire combien font en décimales les 5/8 + 2/5 ?

1re 3.0 | 8   2°. 2.0 | 5   3° 0,375
    6 0 | 0,375   0 | 0,4   +   0,400
     40 | ──────────
      0 | =   0,775

R. Ils font 0 unité 775 millièmes.

Si j'avais 7 francs de moins, après avoir payé 6
francs que je dois, il me resterait encore 8 fr. quelle
somme ai-je ?

      7 fr.   Réponse. Vous avez 21 fr.
      6
      8
   ────────
= 2 1 fr.

Je pense un nombre, j'en retranche 8, et il reste
6. Quel est ce nombre?

$$\begin{array}{r} 8 \\ + \ 6 \\ \hline = \ 1\,4 \end{array}$$ R. Ce nombre est 14.

Le plus petit de deux nombres est 369 et leur différence est 378, quel est le plus grand?

$$\begin{array}{r} 3\,6\,9 \\ + \ 3\,7\,8 \\ \hline = \ 7\,4\,7 \end{array}$$ R. Le plus grand de ces deux
nombres est 747.

MANIÈRE DE FAIRE LES ADDITIONS LES PLUS
LONGUES SANS COMMETTRE D'ERREURS.

Cette manière d'opérer consiste qu'à chaque fois que
l'on atteint le nombre 20, de poser un point au cra-
yon afin de pouvoir l'effacer, ensuite on recommence
l'addition sans tenir compte des 20 qui précèdent, mais
avec le surplus de 20 s'il y eu a un. La colonne étant
additionnée, on retient le double des points que l'on a
posés, attendu que chacun deux vaut 20, et que, dans
ce nombre 20 il y a 2 dizaines. Après ce, on continue
de même à opérer pour les autres colonnes.

	Fr.	Cent

Exemple.

4 et 5 font 9 et 8 font 17 et 7 font 24, je pose un point à la droite du 7 qui vaut 20, et je retiens 4 que j'additionne avec les chiffres suivants en disant : 4 et 2 font 6 et 7 font 15 et 3 font 16 et 4 font 20, je pose un point à la droite du 4 qui vaut 20 ; ensuite je dis 2 et 5 font 7 et 7 font 14 et 2 font 16 et 7 font 23, je pose un point à la droite du 7, et je retiens 3 que j'additionne avec les chiffres suivants en disant : 3 et 1 font 4 et 6 font 10 et 4 font 14 et 7 font 21, je pose un point à la droite du 7 et je retiens 1 que j'additionne avec les chiffres suivants en disant : 1 et 2 font 3 et 2 font 5 et 7 font 12 et 2 font 14 et 7 font 21, je pose un point à la droite du 7, et je retiens 1 que j'additionne avec les chiffres suivants en disant : 1 et 4 font 5 que je pose au total,

L'opération de la première colonne étant terminée, que j'ai posé cinq points, et que chaque point vaut 2 dizaines, je retiens le double de points c'est-à-dire 10, que je reporte à la colonne suivante, qui est celle des dizièmes, et je continue à opérer de la même manière pour les autres colonnes

Fr.	Cent
5 4	5 4
8.9.	7.5
1 2	7 8
4 5	2 7.
6 5	4 2
4 5	5 7
5.6.	2.5
5 7	3 4.
4 8	9 2
1 2.	4 5
8 7	2 7
4.5	6.2
9 0	5 0
5 1	2 7.
2 4	9.1
1 8.	2 6
4.5	2 4
5 8	2 7
4 5.	4 2
3 7	7 2
9.5	2 7
4 6	6.2
9 0	9 7.
8.2.	5 4
1221	9 5

Combien 36 et 36 font-ils ?

On me répond que 36 et 36 font 72,
Moi je dis que ce n'est pas vrai. Trente 6 et trente
6 ne font que soixante 6.

En voici la preuve.

6 6 6 6 6 6 6 6 6 6 6 6 6 6 6 6 6 6 6 6 6 6 6 6 6 6 6 6 6 6 6
6 6 6 6 6 6 6 6 6 6 6 6 6 6 6 6 6 6 6 6 6 6 6 6 6 6 6 6 6 6

Pour faire cette opération j'écris trente 6 sur une
ligne et trente 6 sur une autre ligne ; c'est-à-dire trente
fois le chiffre 6 sur une ligne et trente fois sur une
autre ligne, ce qui me fait en tout soixante 6, c'est-à-
dire soixante fois le chiffre 6.
Réponse. Trente 6 et trente 6 font soixante 6.

SOUSTRACTION.

Il manque 47 grammes 751 milligrammes à un
corps pour qu'il pèse 3 kilogrammes 1 décagramme.
Quel est le poids de ce corps ?

Opération

		grammes		milligrammes
De	5 kilogr. 0 1 0	grammes	0 0 0	milligrammes
Otez	0 0 4 7		7 3 1	
Reste	2 kilog. 9 6 2	grammes	2 6 9	milligrammes
Preuve 3	0 1 0		0 0 0	

Réponse. Le poids de ce corps est de 2 kilogrammes
962 grammes 269 milligrammes.

Il y avait 5 moineaux sur un arbre, un chasseur en tua 3 d'un coup de fusil. Combien en resta-t-il ?

R. Il en resta. 2. Pas du tont. Il n'en resta point, car les autres s'en allèrent.

Quel est le nombre qui, diminué de 58 et augmenté de 29, vaut 296 ?

Opération

1re.	5 8	2e.	De	2 8 3
	2 9		Otez	5 8
	1 9 6		Reste	2 2 5
=	2 8 3			

Réponse. Ce nombre est 225.

Vérification.

De	2 2 5
Otez	5 8
Reste	1 6 7
+	2 9	d'augmentation.
=	1 9 6

Si j'avais encore 26 fr. j'en aurais autant que mon ami, et nous en aurions ensemble 128. Combien avons-nous chacun?

1re.	1 2 8 fr.	2e.	De	6 4 fr.	R. Vous, vous
1/2 =	6 4		Otez	2 6	avez 58 fr. et
			Reste	3 8 fr.	votre ami 64.

De trois nombres, dont la somme est 854, le premier est de 248, et il excède le troisième de 72; quel est le deuxième ?

1re	De	2 4 8	2e	2 4 8	3e	De	8 5 4
	Otez	7 2	+	1 7 6		Otez	4 2 4
	Reste	1 7 6	=	4 2 4		Reste	4 3 0

R. Le deuxième nombre est 430.

Preuve

$$
\begin{array}{r}
2\ 4\ 8 \\
1\ 7\ 6 \\
4\ 3\ 0 \\
\hline
=\ \ 8\ 5\ 4
\end{array}
$$

En ajoutant 60 à la somme de deux nombres, dont le plus petit est 45, leur total est 256; quel est le plus grand ?

Opérations.

1re	4 5	2e	De	2 5 6	*Preuve*	
+	6 0		Otez	1 0 5	4 5	
=	1 0 5		Reste	1 5 1	6 0	
					1 5 1	
					= 2 5 6	

Réponse. Le plus grand de ces nombres est 151.

Après avoir ajouté successivement 125, 136, 167, 180, et 202 à une certaine somme, le total est 1247 ; quelle est cette somme ?

Opérations.

1°   1 2 5   2°   De   1 2 4 0   R. Cette som-
     1 3 6   Otez   8 1 0   me est 430.
     1 6 7
     1 8 0   Reste   4 3 0
     2 0 2
=   8 1 0

De trois nombres, le premier est 375, le deuxième 596, et leur total est 1472 ; quel est le troisième ?

Opérations.

1re   5 7 5   2e   De   1 4 7 2   *Preuve*
+   5 9 6   Otez   9 7 1
                              3 7 5
=   9 7 1   Reste   5 0 1   5 9 6
                              5 0 1
                          = 1 4 7 2

R. Le troisième de ces nombres est 501.

Le plus petit de deux nombres est 210, en retranchant 180 de l'un et 90 de l'autre, leur différence est 300 ; quel est le plus grand ?

Opérations.

1re   1 8 0   2e   De   5 7 0   R. Le plus grand
      9 0   Otez   2 1 0   de ces deux nom-
     3 0 0   est 560.
                    Reste   5 6 0
=   5 7 0

Le plus petit de deux nombres est 60, en retranchant 100 de l'un et en ajoutant 50 à l'autre, leur total est 200; quel est le plus grand?

Opérations.

1re	1 0 0	2e	De	5 0 0	3e	De	2 4 0
	+ 2 0 0		Otez	6 0		Otez	1 0 0
	= 3 0 0		Reste	2 4 0		Reste	1 4 0

4e	1 4 0
	+ 5 0
	= 1 9 0

R. Le plus grand de ces deux nombres est 190.

Une personne s'est acquittée d'une somme en cinq paiements, le premier a été de 700 fr., et les autres, jusqu'au cinquième, on diminué successivement de 100 fr.; on demande de quelle somme elle s'est acquittée et de combien a été le dernier paiement?

Opérations.

1re	7 0 0 fr.	2e	De	7 0 0	3e	De	6 0 0
			Otez	1 0 0		Otez	1 0 0
			Reste	6 0 0 fr.		Reste	5 0 0 fr.

4e	De	5 0 0 fr.	5e	De	4 0 0 fr.	6e	7 0 0 fr.
	Otez	1 0 0		Otez	1 0 0		6 0 0
	Reste	4 0 0		Reste	3 0 0		5 0 0
							4 0 0
							3 0 0
						=	2 5 0 0 fr.

R. Cette personne s'est acquittée d'une somme de 2500 fr., et le dernier paiement a été de 500 fr.

La mère et la fille ont 80 ans à elles deux : si l'on retranche 22 ans de l'âge de la mère pour les joindre à celui de la fille, elles auront chacune le même âge. Quel âge ont-elles chacune ?

Opérations.

1re 80 ans	2e 40 ans	5e De 40 ans
1/2 = 40 ans	+ 22	Otez 22
	= 62 ans	Reste 18 ans.

Preuve   R. La mère a 62 ans et la
6 2 ans   fille 18.
+ 1 8
= 8 0 ans

Trois joueurs font ensemble trois parties ; à la première, le premier joueur perd 60 fr. avec le deuxième et 55 avec le troisième ; à la seconde, le deuxième joueur perd 75 fr. avec le premier et 30 fr. avec le troisième ; à la troisième, le troisième joueur perd 100 fr. avec le premier et 15 fr. avec le deuxième ; alors ils cessent le jeu, le premier se retire avec 180 fr. le deuxième avec 70 fr. et le troisième avec 50 fr. Combien avaient-il chacun avant de jouer ?

Opérations.

1re Perte du 1er joueur.	2e Perte du 2e joueur.
6 0 fr.	7 5 fr.
+ 5 5	+ 3 0
= 9 5 fr.	= 1 0 5

3e Perte du 5e joueur.	4e Gain du 1er joueur
1 0 0 fr.	7 5 fr.
+ 1 5	+ 1 0 0
= 1 1 5 fr.	= 1 7 5 fr.

5e. Gain du 2e joueur   6e. Gain du 5e joueur
      6 0 fr.   5 5 fr.
  + 1 5   + 5 0
  = 7 5 fr.   = 6 5 fr.

7e. De 105 fr. perte du 2e joueur
    Otez 75 de gain

    Reste 30 de perte

8e. Do 1 1 5 fr. perte du 3e joueur.
    Otez 6 5 de gain.

    Reste 5 0 fr. de perte.

9e. 3 0 fr. perte du 2e joueur
  + 5 0 perte du 5e joueur.

  = 8 0 fr. de perte pour les deux.

10e De 1 8 0 fr. qu'a le 1er joueur.
    Otez 8 0 perte des 2e et 3e joueurs.

    Reste 1 0 0 fr. qu'il avait.

11e 7 0 fr. qu'a le 2e joueur
  + 5 0 qu'il a perdu

  = 1 0 0 fr. qu'il avait.

12e. 5 0 fr. qu'a le troisième joueur
  + 5 0 qu'il a perdu

  = 1 0 0 fr. qu'il avait.

Réponse. Chaque joueur avais 100 fr. avant de commencer à jouer.

Quels sont les trois nombres dont la somme est 4220, et dont le plus grand 1600 surpasse le petit de 400 ?

Opérations.

1re. De 1600   2e. 1600   3e. De 4220
     Otez 400   + 1200   Otez 2800
     ─────────   ─────────   ─────────
     Reste 1200   = 2800   Reste 1420

Preuve

   1600
   1420
   1200
= 4220

R. Ces trois nombres sont 1600, 1420, et 1200.

Quelle est la valeur du troisième angle d'un triangle dont l'un a 48 degrés 43 minutes 12 secondes, et l'autre 54 degrés 28 minutes 40 secondes ?

Les trois angles de tout triangle valent ensemble 180 degrés. Ils ne peuvent valoir ni moins ni plus.

Un cercle soit grand soit petit ne peut avoir juste que 360 degrés.

Opérations.

1re. 48° 43' 12"   2e. De 180° 00' 00"
    + 54 28 40   Otez 103 11 52'
    ─────────────   ──────────────────
= 103° 11' 52"   Reste 076° 48' 08'

Un degré vaut 60 minutes et une minute 60 secondes,
R. La valeur du troisième angle de ce triangle est de 76 degrés 48 minutes 08 secondes.

MORALE

Dites pas	Vous savez	Qui dit	Sait,	Dira	Ne convient pas
Faites pas	Vous pouvez	Qui fait	peut,	Fera	Ne doit pas.
Croyez pas	Vous entendez	Qui croit	Entend,	Croira	Ne sera pas.
Dépensez pas	Vous avez,	Qui dépense	a,	Dépensera	N'a pas
Jugerez pas	Vous voyez,	Qui juge	Voit,	Jugera	N'est pas
Ne	Tout ce que	Car celui	Tout ce qu'il	Souvent	Ce qui ce qu'il

Manière de lire cette morale.

Ne dites pas tout ce que vous savez; car celui qui dit tout ce qu'il sait, souvent dira ce qui ne convient pas.

Ne faites pas tout ce que vous pouvez; car celui qui fait tout ce qu'il peut, souvent fera ce qu'il ne doit pas.

Et à continuer ainsi.

MANIÈRE DE CONVERTIR UNE FRACTION
ORDINAIRE EN FRACTION DÉCIMALE.

D. Comment fait-on pour convertir une fraction ordinaire en fraction décimale?

R. Pour convertir une fraction ordinaire en fraction
décimale, on divise le numérateur par le dénominateur.

1^r. Exemple.

Quelle est la valeur en décimales de la fraction ordinaire 5/8?

```
5 numérateur 0       | 8 dénominateur
            2 0      |────────────────
              4 0    | 0,6 2 5
                0
```

Réponse. Cette valeur est de 0 unité 625 millièmes.

───────────

2e Exemple.

Quelle est la valeur de la fraction 5/4 en décimales?

```
3.0     | 4              Réponse Cette valeur
  2 0   |──────          est de 0 unité 75
    0   | 0,7 5          centièmes.
```

───────────

3° Exemple

Combien la fraction 2/3 vaut-elle en décimales?

```
2.0     | 3              Réponse. Elle vaut 0
  2 0   |──────────      unité 67 centièmes.
    2   | 0,6 6 2/3
```

D. Est-il toujours possible de convertir une fraction ordinaire en une fraction décimale finie ?

R. Comme il arrive souvent qu'en convertissant une fraction ordinaire en une fraction décimale, la division ne s'arrête pas, on pousse l'approximation autant qu'il est nécessaire, et on complète, si l'on veut le quotient à l'aide de fractions ordinaires.

Exemple.

Combien la fraction 5/7 vaut-elle en décimales ?

```
5.0      | 7
  1 0     |----------
    3 0   | 0,7 1 4 2 8 5 7
      2 0
        6 0
          4 0
            5 0
              1
```

R. Cette fraction vaut 0 unité 7142857 dix-millionièmes.

Si l'on ne veut le résultat qu'à moins d'un centième près, on prendra 0,71, lequel pourrait être complété à l'aide de la fraction 3/7, le résultat serait donc 0 unité 71 centièmes et 5/7 de centièmes.

Voulez-vous bien me dire quelle est la différence en décimales de 3/4 avec 5/8 ?

```
1re.  3.0  | 4        2e.  5.0  | 8
       2 0  |----------       2 0  |----------
         0  | 0,75              4 0  | 0,6 2 5
                                  0
```

3e. De   0 unité 750 millièmes valeur de 3/4
     Otez 0   625 id.   de 5/8

     Reste 0 unité 125 millièmes   ou   1/8

Réponse. Cette différence est de 0 unité 125 millièmes, c'est-à-dire que 3/4 valent 125 millièmes de
plus que 5/8.

Un ouvrier avait 5/6ᵉˢ d'un ouvrage à faire, il en a
déjà fait les 4/5ᵉˢ ; combien lui en reste-t-il à faire ?

Opération par les fractions ordinaires.

1ʳᵉ.		3 0 D. C.	2ᵉ.	5 0	6
5/6 =		2 5		0	5
4/5 =		2 4		×	5
					2 5

3ᵉ.	3 0	5	4ᵉ.	De	2 5	trentièmes
	0	6		Otez	2 4	trentièmes
	× 4			Reste	0 1	trentième
	2 4					

Opération par les fractions décimales.

1ʳᵉ	5.0	6	2ᵉ,	4.0	5
	2 0	0,833 1/3		0	0,8
	2 0				
	2				

3ᵉ.	De	0 unité 833 1/3
	Otez	0 , 800
	Reste	0 unité 033 1/3

Opération pour prouver que 1/30 vaut 0 unité 033 millièmes 1/3

```
1.0 0   | 30          Réponse. Il lui en reste
   1 0 0 |              encore à faire 1/30 ou
       1 0| 0,0 3 3  1/3   0,033 millièmes 1/3.
```

Deux ouvriers font ensemble un travail, l'un en a fait le premier jour le quart, et l'autre les deux cinquièmes ; combien en ont-ils fait et combien leur en reste-t-il encore à faire ?

Opération

```
1re.    20 D. C.        2e.   De      20  vingtièmes
1/4 =    5                    Otez    13  vingtièmes
2/5 =    8
                              Reste   07  vingtièmes
    = 13/20
```

Réponse. Ces deux ouvriers ont fait 13/20 du travail, et il leur en reste encore 7/20 à faire.

Une canne est plongée dans un bassin ; 1/4 est enfoncé dans la vase, les 2/3 sont dans l'eau, et le reste dehors ; quelle est la longueur de ce reste ?

Opération.

```
1re.     12 D. C.       2e.  De     12  douzièmes
1/4 =     5                  Otez   11  douzièmes
2/3 =     8
                             Reste  01  douzième
   =    11/12
```

Réponse. La longueur du reste de cette canne est de 1/12.

Quel est le nombre tel que l'excès de ses 3/4 sur ses 2/3 est égale à 3 ?

Opérations

1re.   12   **D. C.**   2e.   De   9   douzièmes

3/4 = 9   Otez   8   id.

2/3 = 8   ———————————————

                                     Reste   1   douzième

5°. Puisque 1/12 vaut 3 unités, 12 douzièmes vaudront donc 36 unités qui est le nombre cherché.

Opération.

$$\times \quad \begin{array}{l} 1\,2 \quad \text{douzièmes} \\ 3 \quad \text{unités} \end{array}$$

$$= 3\,6 \quad \text{unités.}$$

Vérification.

1re. 3 6 | 4   2e. 3 6 | 3

     0 | 9 pour 1/4   0 6 | 1 2 pour 1/3

    × | 3 quarts   × | 2 tiers

    = 2 7   = 2 4

5e. De   2 7   Réponse. Ce nombre est 36.

    Otez   2 4

    ————————

Reste   0 3 qui valent 1/12.

TABLE DE MULTIPLICATION.

0	multiplié par	0	fait	0	3	fois	0	font	0
0	—	1	—	0	3	—	1	—	3
0	—	2	—	0	3	—	2	—	6
0	—	3	—	0	3	—	3	—	9
0	—	4	—	0	3	—	4	—	12
0	—	5	—	0	3	—	5	—	15
0	—	6	—	0	3	—	6	—	18
0	—	7	—	0	3	—	7	—	21
0	—	8	—	0	3	—	8	—	24
0	—	9	—	0	3	—	9	—	27

1	fois	0	fait	0	4	fois	0	font	0
1	—	1	—	1	4	—	1	—	4
1	—	2	—	2	4	—	2	—	8
1	—	3	—	3	4	—	3	—	12
1	—	4	—	4	4	—	4	—	16
1	—	5	—	5	4	—	5	—	20
1	—	6	—	6	4	—	6	—	24
1	—	7	—	7	4	—	7	—	28
1	—	8	—	8	4	—	8	—	32
1	—	9	—	9	4	—	9	—	36

2	fois	0	font	0	5	fois	0	font	0
2	—	1	—	2	5	—	1	—	5
2	—	2	—	4	5	—	2	—	10
2	—	3	—	6	5	—	3	—	15
2	—	4	—	8	5	—	4	—	20
2	—	5	—	10	5	—	5	—	25
2	—	6	—	12	5	—	6	—	30
2	—	7	—	14	5	—	7	—	35
2	—	8	—	16	5	—	8	—	40
2	—	9	—	18	5	—	9	—	45

6	fois	0	font	0	8	fois	0	font	0
6	—	1	—	6	8	—	1	—	8
6	—	2	—	12	8	—	2	—	16
6	—	3	—	18	8	—	3	—	24
6	—	4	—	24	8	—	4	—	32
6	—	5	—	30	8	—	5	—	40
6	—	6	—	36	8	—	6	—	48
6	—	7	—	42	8	—	7	—	56
6	—	8	—	48	8	—	8	—	64
6	—	9	—	54	8	—	9	—	72
7	fois	0	font	0	9	fois	0	font	0
7	—	1	—	7	9	—	1	—	9
7	—	2	—	14	9	—	2	—	18
7	—	3	—	21	9	—	3	—	27
7	—	4	—	28	9	—	4	—	36
7	—	5	—	35	9	—	5	—	45
7	—	6	—	42	9	—	6	—	54
7	—	7	—	49	9	—	7	—	63
7	—	8	—	56	9	—	8	—	72
7	—	9	—	63	9	—	9	—	81

MULTIPLICATION.

J'ai acheté une poule pour 1 fr. 50 centimes, elle pond un œuf tous les 30 ans, et il faut 30 de ses œufs pour valoir un centime, Combien faudra-t-il d'années pour payer ce qu'elle a coûté sans compter sa nourriture ?

Opération.

$$
\begin{array}{rl}
\times \quad 1\ 5\ 0 & \text{centimes} \\
3\ 0 & \text{œufs.} \\
\hline
= \quad 4\ 5\ 0\ 0 & \text{œufs.} \\
\times \quad 3\ 0 & \text{ans} \\
\hline
= 1\ 3\ 5\ 0\ 0\ 0 & \text{ans.}
\end{array}
$$

Réponse. Il faudra 135,000 ans,

Preuve.

1re.
$$
\begin{array}{l|l}
1\ 3\ 5\ 0\ 0\ 0 \text{ ans} & 3\ 0 \text{ ans} \\
1\ 5\ 0 & \\
\cline{2-2}
0\ 0\ 0\ 0 & 4\ 5\ 0\ 0 \quad \text{œufs pondus en} \\
& 135000 \text{ ans.}
\end{array}
$$

2e.
$$
\begin{array}{l|l}
4\ 5\ 0\ 0 \text{ œufs} & 3\ 0 \quad \text{œufs} \\
1\ 5\ 0 & \\
\cline{2-2}
0\ 0\ 0 & 1\ 5\ 0 \quad \text{centimes ou 1 fr. 50.}
\end{array}
$$

Judas vendit Notre Seigneur pour 30 deniers, ou 30 pièces d'argent, ou 30 sicles d'argent; ce qui est la même chose. Combien fut-il vendu ?

Un denier, ou une pièce d'argent, ou un sicle d'argent valait 3 fr. 31 centimes de notre monnaie.

$$\begin{array}{r} 3 \text{ fr. } 31 \\ \times\quad 30 \text{ deniers} \\ \hline 99{,}30 \end{array}$$

Réponse. Notre Seigneur fut vendu 99 fr. 30 centimes.

Combien deux fois trente 5 font-ils ?

On me répond que deux fois trente 5 font 70. Moi je dis que ce n'est pas vrai. Deux fois trente 5 font 1 nonillion, 111 octillions, 111 septillions, 111 sextillions, 111 quintillions, 111 quatrillions, 111 trillions, 111 billions, 111 millions, 111 mille, 110.

En voici la preuve.

5555555555555555555555555555555 × 2 fois.

1.111.111.111.111.111.111.111.111.111.111.110

MULTIPLICATIONS ABRÉGÉES.

Pour multiplier un nombre entier quelconque par 5, on ajoute un zéro à ce nombre et on en prend la moitié.

Exemple.

Quel est le produit de 24947 multipliés par 5 ?

$$1/2 = \begin{array}{r} 2\,4\,9\,4\,7\,0 \\ 1\,2\,4\,7\,3\,5 \end{array} \qquad \begin{array}{r} 2\,9\,4\,7 \\ +\ \ 5 \\ \hline 1\,2\,4\,7\,5\,5 \end{array}$$

Réponse. Ce produit est de 124735.

NOTA. S'il y a des décimales au multiplicande, ou au multiplicateur, ou à tous les deux ; on les sépare au produit de chaque espèce d'opération.

1ᵣ. Exemple.

Que doit-on payer pour 12 mètres 50 centimètres de calicot, à 0 fr. 5 décimes le mètre ?

$$1/2 = \begin{array}{r} 1\,2,5\,0\,0 \\ 6,2\,5\,0 \end{array} \qquad \begin{array}{r} 1\,2,5\,0 \\ \times\ \ 0,5 \\ \hline 6,2\,5\,0 \end{array}$$

Réponse. On doit payer 6 fr. 25 centimes.

2ᵉ. Exemple.

Qu'est-il dû à une personne qui a fait 17 journées 1/2 de travail à 5 fr. l'une ?

$$1/2 = \begin{array}{r} 1\,7\,5,0 \\ 8\,7,5 \end{array} \qquad \begin{array}{r} 1\,7,5 \\ \times\ \ 5 \\ \hline 8\,7,5 \end{array}$$

Réponse. Il lui est dû 87 fr. 5 décimes, ou 87 fr. 50

Pour multiplier un nombre quelconque par 50, on ajoute deux zéros à ce nombre et on en prend la moitié.

Exemple,

Quelle est la surface d'un rouleau de papier à tapisser qui a 9 mètres 85 centimètres de longueur sur 0 mètre 50 centimètres de largeur ?

$$1/2 = \begin{array}{r} 9,8500 \\ 4,9250 \end{array} \qquad \begin{array}{r} 9,85 \\ \times\ ,50 \\ \hline 4,9250 \end{array}$$

Réponse. La surface de ce rouleau de papier est de 4 mètres carrés 92 décimètres carrés 50 centimètres carrés.

Pour multiplier un nombre quelconque par 25, on ajoute deux zéros à ce nombre et on en prend le quart.

Exemple.

Que doit-on payer pour 175 mètres 50 centimètres de drap à 25 fr. le mètre ?

$$1/4 = \begin{array}{r} 17550,00 \\ 4387,50 \end{array} \qquad \begin{array}{r} 175\ m\ 50 \\ \times\ 25\ fr. \\ \hline 87750 \\ 35100 \\ \hline 4387,50 \end{array}$$

Réponse. On doit payer 4387 fr. 50.

Pour multiplier un nombre quelconque par 200, on ajoute trois zéros à ce nombre et on en prend le cinquième.

Exemple.

Que faut-il payer pour 15 pièces 1/2 de vin à 200 fr. la pièce ?

$$1/5 = \begin{array}{r} 1\,5\,5\,0\,0,0 \\ 3\,1\,0\,0,0 \end{array} \qquad \begin{array}{r} 1\,5,5 \\ \times\ 2\,0\,0 \\ \hline 3\,1\,0\,0,0 \end{array}$$

Réponse. Il faut payer 3100 fr.

Pour multiplier un nombre quelconque par 125, on ajoute trois zéros à ce nombre et on en prend le huitième.

1ᵉ. *Exemple.*

Que doit-on payer pour 12 hectolitres 75 litres d'eau-de-vie, à 125 fr. l'hectolitre ?

$$1/8 = \begin{array}{r} 1\,2\,7\,5\,0,0\,0 \\ 1\,5\,9\,3,7\,5 \end{array} \qquad \begin{array}{r} 1\,2,7\,5 \\ \times\ 1\,2\,5 \\ \hline 6\,3\,7\,5 \\ 2\,5\,5\,0 \\ 1\,2\,7\,5 \\ \hline 1\,5\,9\,3,7\,5 \end{array}$$

Réponse. On doit payer 1593 fr. 75

2°. *Exemple*.

Combien doit-on payer pour 150 cahiers de papier à lettre, à 12 centimes 1/2 le cahier ?

$$1/8 = \begin{array}{r} 150,000 \\ 18,750 \end{array}$$

Réponse. On doit payer 48 fr. 75.

$$\begin{array}{r} 150 \\ \times\ 0\,\text{fr.}125 \\ \hline 750 \\ 500 \\ 150 \\ \hline 18,750 \end{array}$$

3°. *Exemple*.

Que faut-il payer pour 75 mètres 75 centimètres d'étoffe à 1 fr. 25 le mètre ?

$$1/8 = \begin{array}{r} 757,5000 \\ 94,6875 \end{array}$$

Réponse. Il faut payer 94 fr. 68 centimes 3/4, ou 94 fr. 69 centimes.

$$\begin{array}{r} 75,75 \\ \times\ 1,25 \\ \hline 37875 \\ 15150 \\ 7575 \\ \hline 94,6875 \end{array}$$

Voulez-vous bien me dire quel est en décimales le produit de 3/4 multipliés par 1/5 ?

$$\begin{array}{r} 0,75 \text{ valeur de } 3/4 \\ \times\ 0,20 \text{ valeur de } 1/5 \\ \hline 0,1500 \end{array}$$

Réponse. Ce produit est de 0 unité 15 centièmes.

De combien sont les 3/4 des 2/3 de la 1/2 de 48 fr.?

Opérations.

1re. $$\frac{3 \times 2 \times 1 \times 48}{4 \times 3 \times 2}$$

2e.
```
      3
   ×  2
   ─────
      6
   ×  1
   ─────
      6
   × 48
   ─────
     48
     24
   ─────
    288
```

3e.
```
      4
   ×  3
   ─────
    1 2
   ×  2
   ─────
    2 4
```

4e.
```
   2 8 8 | 24
   0 4 8 | ──────
   0 0   | 12 fr.
```

Réponse. Les 3/4 des 2/3 de la moitié de 48 fr. sont de 12 francs.

Les ouvriers gagnent en moyenne 3 francs par jour, mais, à cause des chômages et des fêtes, ils ne travaillent que les 5/7 du temps, ou 5 jours sur 7, combien gagnent-ils par jour?

Opérations.

1re. $\frac{3 \times 5}{7}$ Ce qui signifie 3 multiplié par 5 divisé par 7

2e.
```
      3
   ×  5
   ─────
    1 5  | 7
    1 0  | ──────
    3 0  | 2 fr. 14 2/7
      2
```

R. Ils gagnent 2 fr. 14 centimes et 2/7 de centime par jour.

Une demoiselle, pour faire un ouvrage de tapisserie, avait besoin des 2/3 de 3/4 d'un mètre de canevas. Combien en devait-elle employer?

Opérations.

$1^{re}.$ $\dfrac{2 \times 3 \times 1}{3 \times 4}$ $2^{e}.$ $\begin{array}{r} 2 \\ \times\ 3 \\ \hline 6 \end{array}$ $3^{e}.$ $\begin{array}{r} 3 \\ \times\ 4 \\ \hline 12 \end{array}$

$4^{e}.$ $\begin{array}{c|c} 6 & 12 \\ \hline & = {}^6/_{12} \text{ ou } {}^1/_2 \end{array}$ $\begin{array}{r} \times\ 1 \\ \hline 6 \end{array}$

Réponse. Cette demoiselle devait en employer 1/2 mètre ou 50 centimètres.

MÊMES OPÉRATIONS PAR LES DÉCIMALES.

$1^{re}.$ $\begin{array}{c|l} 100 \text{ centimètres} & 4 \text{ quarts} \\ 20 & \overline{0\ \text{m}\ 25\ \text{pour } 1/4} \\ 0 & \times\quad 3\ \text{ quarts} \\ & \overline{0,\ 75\ \text{pour } {}^3/_4} \end{array}$

$2^{e}.$ $\begin{array}{c|l} 0\,\text{m}\,75 & 3 \text{ tiers} \\ 15 & \overline{0,25 \text{ pour } {}^1/_3} \\ 0 & \times\ 2 \text{ tiers} \end{array}$

0,50 centimètres ou 1/2 mètre comme ci-devant.

Quel est le nombre qui, étant multiplié par 48 et ajoutant 160 à son produit, fasse autant que le même nombre multiplié par 56 après en avoir ôté 400 ?

Opérations.

$1^{re}.$ $\begin{array}{r} 160 \\ +\ 400 \\ \hline =\ 560 \end{array}$ $2^{e}.$ $\begin{array}{r} \text{De}\quad 56 \\ \text{Otez}\quad 48 \\ \hline \text{Reste}\ \ 08 \end{array}$ $3^{e}.$ $\begin{array}{r|l} 560 & 8 \\ 00 & \overline{70} \end{array}$

R. Ce nombre est 70.

Preuves.

1re.
$$\begin{array}{r} 70 \\ \times\ 48 \\ \hline 560 \\ 280 \\ \hline 3360 \\ +\ 160 \\ \hline 3520 \end{array}$$

2e.
$$\begin{array}{r} 70 \\ \times\ 56 \\ \hline 420 \\ 350 \\ \hline 3920 \end{array}$$

3e.
De   3920
Otez   400
Reste 3520.

Une personne me demandait ce matin l'heure qu'il était, je lui fis réponse qu'il était les 3/4 des 5/6 des 7/12 des 6/7 de 24 heures. Quelle heure était-il ?

Opérations.

1re. $\dfrac{3 \times 5 \times 7 \times 6 \times 24}{4 \times 6 \times 12 \times 7 \times 1}$

2e.
$$\begin{array}{r} 3 \\ \times\ 5 \\ \hline 15 \\ \times\ 7 \\ \hline 105 \\ \times\ 6 \\ \hline 630 \\ \times\ 24 \\ \hline 2520 \\ 1260 \\ \hline \end{array}$$
Numérateur   15120.

3e.
$$\begin{array}{r} 4 \\ \times\ 6 \\ \hline 24 \\ \times\ 12 \\ \hline 48 \\ 24 \\ \hline 288 \\ \times\ 7 \\ \hline 2016 \\ \times\ 1 \\ \hline 2016 \end{array}$$
Dénominateur

4ᵉ.
$$\begin{array}{r|l} 15120 & 2016 \\ 14112 & \text{7 heures 5} \\ \hline 010080 & \\ 10080 & \text{Réponse. Il était 7 heures 5} \\ \hline 00000 & \text{dizièmes ou 7 heures et demie.} \end{array}$$

Une personne me demandant hier au soir l'heure qu'il était, je lui fis réponse qu'il était les 2/3 des 3/4 des 5/6 de minuit. Quelle heure était-il ?

Opérations.

1ʳᵉ. $\dfrac{2 \times 3 \times 5 \times 12 \text{ heures}}{3 \times 4 \times 6 \times 1}$

4ᵉ. $\begin{array}{r|l} 360 & 72 \\ 00 & \text{5 heures} \end{array}$

2ᵉ.
$$\begin{array}{r} 2 \\ \times \quad 3 \\ \hline 6 \\ \times \quad 5 \\ \hline 30 \\ \times \quad 12 \\ \hline 60 \\ 30 \\ \hline 360 \end{array}$$

3ᵉ.
$$\begin{array}{r} 3 \\ \times \quad 4 \\ \hline 12 \\ \times \quad 6 \\ \hline 72 \\ \times \quad 1 \\ \hline 72 \end{array}$$

Réponse. Il était 5 heures.

MANIÈRE DE LIRE LES FRACTIONS ORDINAIRES.

$1/4$	Un quart	$3/8$	Trois huitièmes.
$1/2$	Un demi.	$5/8$	Cinq huitièmes.
$3/4$	Trois quarts.	$7/8$	Sept huitièmes.
$1/3$	Un tiers.	$1/5$	Un cinquième.
$2/3$	Deux tiers.	$2/5$	Deux cinquièmes.
$1/6$	Un sixième.	$3/5$	Trois cinquièmes.
$5/6$	Cinq sixièmes.	$4/5$	Quatre cinquièmes.
$1/8$	Un huitième.	$1/7$	Un septième.

$2/7$ Deux septièmes
$3/7$ Trois septièmes
$4/7$ Quatre septièmes
$5/7$ Cinq septièmes.
$6/7$ Six septièmes.
$1/9$ Un neuvième.
$2/9$ Deux neuvièmes.
$4/9$ Quatre neuvièmes.
$5/9$ Cinq neuvièmes.
$7/9$ Sept neuvièmes.
$8/9$ Huit neuvièmes.
$1/10$ Un dixième.
$3/10$ Trois dixièmes.
$7/10$ Sept dixièmes.
$9/10$ Neuf dixièmes.
$1/11$ Un onzième.
$2/11$ Deux onzièmes.
$7/11$ Sept onzièmes.
$10/11$ Dix onzièmes.
$1/12$ Un douzième.
$5/12$ Cinq douzièmes.
$7/12$ Sept douzièmes.
$11/12$ Onze douzièmes.
$1/13$ Un treizième.
$4/13$ Quatre treizièmes.
$9/13$ Neuf treizièmes.
$12/13$ Douze treizièmes.
$1/14$ Un quatorzième.
$3/14$ Trois quatorzièmes.
$5/14$ Cinq quatorzièmes.

$9/14$ Neuf quatorzièmes.
$11/14$ Onze quatorzièmes.
$13/14$ Treize quatorzièmes.
$1/15$ Un quinzième.
$2/15$ Deux quinzièmes.
$7/15$ Sept quinzièmes.
$11/15$ Onze quinzièmes.
$1/16$ Un seizième.
$3/16$ Trois seizièmes.
$5/16$ Cinq seizièmes.
$11/16$ Onze seizièmes.
$15/16$ Quinze seizièmes.
$1/17$ Un dix-septième.
$9/17$ Neuf dix-septièmes.
$16/17$ Seize dix-septièmes.
$1/18$ Un dix-huitième.
$11/18$ Onze dix-huitièmes.
$17/18$ Dix-sept-dix-huitièm:
$1/19$ Un dix-neuvième.
$14/19$ Quatorze dix-neuviè.
$1/20$ Un vingtième.
$19/20$ Dix-neuf vingtièmes.
$3/21$ Trois vingt-et-uniè.
$20/21$ Vingt vingt-et-uniè.
$13/22$ Treize vingt-deuxiè.
$11/23$ Onze vingt-troisièmes
$1/24$ Un vingt-quatrième.
$7/24$ Sept vingt-quatrièmes
$23/24$ Vingt-trois vingt-quat.

Ainsi pour lire une fraction ordinaire, on lit d'abord le *Numérateur* ou terme supérieur, ensuite le *Dénominateur* ou terme inférieur, en y ajoutant la terminaison *ième*.

Pour lire l'opération à faire des fractions de fractions on la lit ainsi:

Exemple.

On demande de combien est la $\frac{1}{2}$ des $\frac{2}{3}$ des $\frac{3}{4}$ des $\frac{4}{5}$ de $\frac{6}{7}$.

Opérations.

1re. $\dfrac{1 \times 2 \times 3 \times 4 \times 6}{2 \times 3 \times 4 \times 5 \times 7}$

1 multiplié par 2 multiplié par 3 multiplié par 4 multiplié par 6 divisé par 2 multiplié par 3 multiplié par 4 multiplié par 5 multiplié par 7.

2e.

$$\begin{array}{r} 1 \\ \times\ 2 \\ \hline 2 \\ \times\ 3 \\ \hline 6 \\ \times\ 4 \\ \hline 24 \\ \times\ 6 \\ \hline 144 \end{array}$$

3e.

$$\begin{array}{r} 2 \\ \times\ 3 \\ \hline 6 \\ \times\ 4 \\ \hline 24 \\ \times\ 5 \\ \hline 120 \\ \times\ 7 \\ \hline 840 \end{array}$$

4e. $\ ^{144}/_{840}$ ièmes à simplifier

5e. $\begin{array}{c|c} 840 & 144 \\ 120 & \overline{\quad 5 \quad} \end{array}$

6e. $\begin{array}{c|c} 144 & 120 \\ 024 & \overline{\quad 1 \quad} \end{array}$

7e. $\begin{array}{c|c} 120 & 24 \text{ gr. c. d.} \\ 00 & \overline{\quad 5 \quad} \end{array}$

8e. $\begin{array}{c|c} 840 & 24 \\ 120 & \overline{\quad 35 \quad} \end{array}$

9e. $\begin{array}{c|c} 144 & 24 \\ 00 & \overline{\quad 6/35 \quad} \end{array}$

Réponse. La $\frac{1}{2}$ des $\frac{2}{3}$ des $\frac{3}{4}$ des $\frac{4}{5}$ des $\frac{6}{7}$ est de $^{144}/_{840}$ ou $^{6}/_{35}$.

Voulez-vous bien me dire de combien sont les $^2/_3$ des $^3/_4$ des $^5/_6$ des $^7/_8$ des $^{11}/_{12}$ des $^{15}/_{16}$ de 1105 fr· 92 centimes ?

Opérations.

1re.
$$\frac{2 \times 3 \times 5 \times 7 \times 11 \times 15 \times 1105,92}{3 \times 4 \times 6 \times 8 \times 12 \times 16 \times 1}$$

2e.

```
            2
          × 5
         ────
            6
          × 5
         ────
           5 0
          × 7
         ────
          2 1 0
         × 1 1
        ──────
          2 1 0
        2 1 0
       ───────
        2 3 1 0
         ×  1 5
       ───────
      1 1 5 5 0
      2 3 1 0
     ─────────
      3 4 6 5 0
    ×  1 1 0 5,9 2
   ─────────────
          6 9 3 0 0
        3 1 1 8 5 0
      1 7 3 2 5 0
      3 4 6 5 0 0
    3 4 6 5 0
   ───────────────
   3 8 5 2 0 1 2 8,0 0
```

3e.

```
            3
          × 4
         ────
          1 2
          × 6
         ────
          7 2
          × 8
         ────
          5 7 6
         × 1 2
        ──────
        1 1 5 2
        5 7 6
       ───────
        6 9 1 2
         ×  1 6
       ───────
      4 1 4 7 2
      6 9 1 2
     ─────────
      1 1 0 5 9 2
          ×  1
     ─────────
      1 1 0 5 9 2
```

4ᵉ. $\begin{array}{r} 3\,8\,3\,2\,0\,1\,2\,8{,}0\,0 \\ 5\,5\,1\,7\,7\,6 \end{array}$ | $\begin{array}{l} 1\,1\,0\,5{,}9\,2 \\ \hline 5\,4\,6 \text{ fr. } 5\,0 \end{array}$

$$\begin{array}{r} 0\,5\,1\,4\,2\,5\,2 \\ 4\,4\,2\,3\,6\,8 \\ \hline 0\,7\,1\,8\,8\,4\,8 \\ 6\,6\,5\,5\,5\,2 \\ \hline 0\,5\,5\,2\,9\,6\,0 \\ 5\,5\,2\,9\,6\,0 \\ \hline 0\,0\,0\,0\,0\,0 \end{array}$$

R. Les $^2/_5$ des $^3/_4$ des $^5/_6$ des $^7/_8$ des $^{11}/_{12}$ des $^{15}/_{16}$ de 1105 fr. 92 centimes sont de 546 fr. 50 cent.

MULTIPLICATION DES NOMBRES RENFERMANT DES ZÉROS.

D. Si dans une multiplication le multiplicateur renferme des zéros, que faut-il faire ?

R. Si le multiplicateur renferme des zéros, on multiplie par les chiffres significatifs, sans faire attention aux zéros du multiplicateur ; mais il faut toujours avoir soin de placer le premier chiffre de chaque produit partiel au même rang que celui du chiffre par lequel on multiplie.

D. Lorsque le multiplicande ou le multiplicateur ou tous les deux sont terminés par des zéros, que faut-il faire ?

R. Lorsque le multiplicande ou le multiplicateur ou tous les deux sont terminés par des zéros, il faut multiplier comme si ces zéros n'y étaient pas ; et les ajouter tous ensuite à la droite du produit.

Exemples sur l'un et l'autre cas.

Multiplicande 5 0 4 6 0   5 0 0 0
Multiplicateur   6 0 0 2   × 2 5

          6 0 9 2 0   2 5
     4 8 2 7 6 0   1 0
Produit 1 8 2 8 2 0 9 2 0   1 2 5 0 0 0

          4 5 0 0 0
    ×   6 7 0 0

        3 1 5
       2 7 0

    3 0 1 5 0 0 0 0 0

Nota sur la manière de placer les chiffres au rang qu'ils doivent occuper, lorsqu'il y a plusieurs zéros au multiplicateur.

D. Quelle est la manière de placer de suite les chiffres au rang qu'ils doivent occuper lorsqu'il y a plusieurs zéros au multiplicateur ?

R. La manière de placer de suite les chiffres au rang qu'ils doivent occuper lorsqu'il y a plusieurs zéros au multiplicateur, consiste à compter le rang qu'occupe le chiffre significatif par lequel on va multiplier, et porter le produit partiel au même rang.

1re. *Exemple.*

Quel est le produit de 2522140 multipliés par 25000 ?

Multiplicande   2 5 2 2 1 4 0
Multiplicateur   2 5 0 0 0

7 5 6 6 4 2 0 0 0 0
5 0 4 4 2 8 0 . . . .

Produit   5 8 0 0 9 2 2 0 0 0 0

Réponse. Ce produit est de 58009220000 unités.

Pour faire cette opération je ne fais que de multiplier le premier chiffre du multiplicande à droite qui est un zéro par chacun des trois zéros du multiplicateur ; puis tout le multiplicande par le chiffre significatif 5, qui représente les unités de mille du multiplicateur. Ensuite je multiplie de même tout le multiplicande par le chiffre 2 qui représente les dizaines de mille du multiplicateur. Mais pour savoir à quel rang je dois écrire le produit du premier chiffre du multiplicande par ce 2, je ne fais que de compter à partir de la droite le rang qu'il occupe, et trouvant que c'est le cinquième, qui est celui des dizaines de mille, j'écris donc mon zéro au rang des dizaines de mille, et je continue mon opération comme à l'ordinaire.

Même opération en négligeant les zéros

2 5 2 2 1 4 0
×   2 5 0 0 0

7 5 6 6 4 2
5 0 4 4 2 8

5 8 0 0 9 2 2 0 0 0 0   comme ci-devant.

2e. *Exemple.*

Quel est le produit de 412132 multipliés par 45000400 ?

Multiplicande · · · · · · · 4 1 2 1 3 2
Multiplicateur · · · · 1 5 0 0 0 4 0 0

$$
\begin{array}{r}
1\ 6\ 4\ 8\ 5\ 2\ 8\ 0\ 0 \\
2\ 0\ 6\ 0\ 6\ 6\ 0\ 0\ 0\ 0 \\
4\ 1\ 2\ 1\ 3\ 2 \\
\end{array}
$$

Produit   6 1 8 2 1 4 4 8 5 2 8 0 0

R. Ce produit est de 6.182.144.852.800 unités.

Même opération en négligeant les zéros.

$$
\begin{array}{r}
4\ 1\ 2\ 1\ 3\ 2 \\
1\ 5\ 0\ 0\ 0\ 4\ 0\ 0 \\
\hline
1\ 6\ 4\ 8\ 5\ 2\ 8 \\
2\ 0\ 6\ 0\ 6\ 6\ 0 \\
4\ 1\ 2\ 1\ 3\ 2 \\
\hline
6\ 1\ 8\ 2\ 1\ 4\ 4\ 8\ 5\ 2\ 8\ 0\ 0 \text{ comme ci-devant}
\end{array}
$$

D. Combien doit-on séparer de décimales au produit d'une multiplication ?

R. On doit en séparer autant qu'il y en a au multiplicande et au multiplicateur.

1er. Exemple.

Qu'est-il dû à une personne qui a fait 9 journées
et demie de travail à 1 fr. 75 l'une ?

Multiplicande   9,5   Réponse. Il lui est dû 16 fr.
Multiplicateur 1,7 5   62 centimes $^1/_2$

$$
\begin{array}{r}
4\ 7\ 5 \\
6\ 6\ 5 \\
9\ 5 \\
\hline
\end{array}
$$

Produit   1 6,6 2 5

Preuve

$$
\begin{array}{r}
1,7\ 5 \\
\times\ 9,5 \\
\hline
8\ 7\ 5 \\
1\ 5\ 7\ 5 \\
\hline
1\ 6,6\ 2\ 5
\end{array}
$$

2ᵉ. *Exemple.*

Combien doit-on payer pour 7 kilogrammes 875 grammes de sucre à 1 fr. 25 le kilogramme?

```
  7,875
× 1,25
───────
 59375
 15750
 7875
───────
 9,84375
```

Réponse. On doit payer 9 fr. 84 cent.

3ᵉ. *Exemple,*

Que faut-il payer pour 60 centimètres de ruban à 1 fr. 50 le mètre?

```
  1,50
× 0ᵐ60
───────
 0,9000
```

Réponse. Il faut payer 90 centimes

Que doit-on payer pour 125 litres ¹/₂ de vin, à 7 ous ¹/₂ le litre?

```
   125,5
×  0,375
─────────
   6275
   8785
   3765
─────────
  47,0625
```

Réponse. On doit payer 47 fr. 06 centimes et ¹/₄ ou 47 fr. 06 centimes et 25 centièmes de centime.

Combien faut-il payer pour 15 hectolitres ³/₄ de vin, à 45 fr. 50 l'hectolitre?

```
     1 5,7 5        Réponse. Il faut payer 716 fr. 62
  ✕  4 3,5 0        centimes ¹/₂, ou 716 fr. 63.
  ─────────────
     7 8 7 5 0
     7 8 7 5
   6 5 0 0
  ─────────────
   7 1 6,6 2 5 0
```

Que faut-il payer pour 575 litres de vin à 40 fr. et 1 sou l'hectolitre ?

```
        5 7 5
    ✕   4 0,0 5        Réponse. On doit payer 230
  ─────────────        fr. 28 centimes ⁵/₄, ou 230
        2 8 7 5        fr. 29.
    2 5 0 0 0 0
  ─────────────
    2 3 0,2 8 7 5
```

Combien faut-il payer pour 5 livres moins ¹/₄ de sucre à 28 sous ¹/₂ le kilogramme ?

```
   4 kilogr. 3 7 5 grammes
 ✕ 1 fr.  4 2 5 millièmes ou 42 centimes ¹/₂
  ─────────────
        6 8 7 5
        2 7 5 0        Réponse. Il faut payer 4 fr.
      5 5 0 0          96 centimes.
    1 5 7 5
  ─────────────
    1,9 5 9 3 7 5
```

Que doit-on payer pour 3 livres ¹/₂ de pain, à 6 sous ¹/₂ le kilogramme ?

$$\times \quad \begin{matrix} 1 \text{ kilogr. } 7\,5\,0 \text{ grammes} \\ 0 \text{ fr. } \quad 3\,2\,5 \text{ millièmes} \end{matrix}$$

$$\begin{matrix} 8\,7\,5\,0 \\ 3\,5\,0\,0 \\ 5\,2\,5\,0 \\ \hline 0,5\,6\,8\,7\,5\,0 \end{matrix}$$

Réponse. On doit payer 0 fr. 57 centimes.

Combien faut-il payer pour 25 mètres carrés et cinq centimètres carrés d'ouvrage, à 3 fr. 25 le mètre carré ?

$$\times \quad \begin{matrix} 2\,5,0\,0\,0\,5 \\ 3,2\,5 \end{matrix}$$

$$\begin{matrix} 1\,2\,5\,0\,0\,2\,5 \\ 5\,0\,0\,0\,1\,0 \\ 7\,5\,0\,0\,1\,5 \\ \hline 8\,1,2\,5\,1\,6\,2\,5 \end{matrix}$$

Réponse. Il faut payer 81 fr. 25 centimes.

NOTA. Il est bien à remarquer que quand on s'arrête à un certain nombre de décimales, on ne compte 1 de plus à la réponse, que quand le chiffre qui suit est un 5, ou un 6, ou un 7, ou un 8, ou un 9. Les chiffres 1, 2, 3, 4 ne comptent rien.

Que doit-on payer pour 1 mètre cube et 75 centimètres cubes de marbre à 125 fr. 50 le mètre cube ?

```
  1,000075
× 125,50
  50005750
  5000575
  2000150
  1000075
  125,5094 1250
```

Réponse. On doit payer 125 fr. 51 centimes,

Que faut-il payer pour 100 litres de vin à 9 sous ¹/₂ le litre?

$$47,500$$

Réponse. Il faut payer 47 fr. 50.

J'ai fait 16 journées et ¹/₄ de travail à 2 fr. 25 centimes l'une: combien m'est-il dû?

```
  16 journées 25 centièmes.
× 2 fr. 25
  8125
  3250
  5250
  56,5625
```

Réponse. Il vous est dû 56 fr. 56 centimes.

Qu'est-il dû à un ouvrier qui a fait 19 journées et ³/₄ de travail à 1 fr. 75 centimes l'une?

```
  19 journées 75 centièmes.
× 1 fr. 75
  9875
  15825
  1975
  34,5625
```

Réponse. Il lui est dû 54 fr. 56 centimes.

Qu'est-il dû à un manouvrier pour 25 journées et ¹/₃ qu'il a faites, à 1 fr. 50 l'une ?

25 journées 33 centièmes
× 1 fr. 50

```
    1 1 6 6 5 0        Réponse. Il lui est dû
    2 3 3 3             35 fr.
  ─────────────
    3 4,9 9 5 0
```

J'ai fait les ²/₃ d'une journée de travail à 1 fr. 75 centimes la journée; combien me doit-on ?

1 fr. 75
× 0 journée 6 7 centièmes.

```
      1 2 2 5          R. On vous doit 1 fr.
    1 0 5 0            17 centimes.
  ─────────────
    1,1 7 2 5
```

Une personne paie comptant une facture montant à 250 fr., moyennant 2 pour ⁰/₀ d'escompte ; combien doit-elle payer ?

Opérations.

```
1ʳᵉ.    2 5 0 fr.    2ᵉ.   De    2 5 0 fr.
      ×       2            Otez        5
      ─────────────        ─────────────
        5.0 0              Reste  2 4 5 fr.
```

R. Elle doit payer 245 fr.

Une personne reçoit des marchandises pour 40 fr., on lui fait une remise de 2 pour cent ; combien doit-elle payer ?

Opérations.

1re.	4 0 fr.		2e.	De	4 0 fr. 0 0
×	2			Otez	0 , 8 0
	0,8 0			Reste	3 9 fr. 2 0

Réponse. Elle doit payer 39 fr. 20 centimes.

Une personne reçoit des marchandises pour 70 fr., on lui fait une remise ou escompte de 5 pour °/₀ ; combien doit-elle payer ?

Opérations

1re.	7 0 fr,		2e.	De	7 0 fr. 0 0
×	5			Otez	3 , 5 0
	3,5 0			Reste	6 6 fr. 5 0

Réponse. Cette personne doit payer 66 fr. 50.

Quelle commission doit recevoir un commissionnaire qui a vendu, pour le compte d'un négociant, pour 6050 fr. de marchandises, à raison de 2 fr. 50 pour °/₀ de commission ?

```
      6 0 5 0 fr.        Ici il faut séparer deux chiffres
  ×        2,5 0         pour la division par cent, et
      5 0 2 5 0 0        deux pour les décimales.
    1 2 1 0 0
   ─────────────
    1 5 1,2 5 0 0
```

Réponse. Ce commissionnaire doit recevoir 151 fr. 25 centimes.

Un propriétaire fait assurer sa maison estimée 14500 fr. à raison de 60 centimes du mille. Combien doit-il payer à l'assureur ?

```
    1 4 5 0 0          R. Il doit payer 8 fr. 70
  ✕     0,6 0
  ─────────────
    8,7 0 0 0 0
  ─────────────
```

Je dois payer 2640 fr. dans 9 mois ; on m'accorde une remise de 8 pour % si je paie de suite ; combien dois-je payer ?

Opérations.

```
1re.   2 6 4 0 fr.      2e.   De      2 6 4 0 fr. 0 0
     ✕       8                Otez      2 1 1 , 2 0
     ──────────                      ───────────────
       2 1 1,2 0                Reste  2 4 2 8 fr. 8 0
```

Réponse. Vous devez payer 2428 fr. 80.

Les actions d'un chemin de fer rapportent 14 pour % ; combien recevrai-je sachant que j'ai 15 de ces actions que j'ai payées 882 fr. 45 chacune ?

```
      8 8 2 fr. 4 5
  ✕           1 5 actions
  ─────────────────
      4 4 1 2 2 5              Réponse. Vous recevrez
      8 8 2 4 5                1853 fr. 45 centimes.
  ─────────────────
      1 5 2 3 6,7 5
  ✕           1 4 fr.
  ─────────────────
      5 2 9 4 7 0 0
      1 5 2 5 6 7 5
  ─────────────────
      1 8 5 5,1 4 5 0
```

Un commis intéressé dans les affaires de son patron, a 5 pour $^0/_0$ sur les recettes, combien doit-il recevoir sachant que les recettes se sont élevées pendant un an à 189600 fr. ?

Opération.

1 8 9 6 0 0 fr.
$\times$ 3 fr.
_____
5 6 8 8,0 0

R. Il doit recevoir 5688 fr.

Les droits de mutations par acte de vente étant de 5 fr. 50 pour cent, non compris le décime, combien faut-il payer de droits à l'enregistrement pour une somme de 14760 fr.

Opérations.

1re.   1 4 7 6 0 fr.   2e. 8 1 1 fr. 8 0
     $\times$ 5,5 0 $\times$ 0 fr. 1 0
      _____   _____
     7 5 8 0 0 0   8 1,1 8 0 0 pour le décime
     7 5 8 0 0
     _____
    8 1 1,8 0 0 0   R. Il faut payer 892 fr. 98

3e   8 1 1 fr. 8 0
    $+$ 8 1 , 1 8
    _____
    $=$ 8 9 2 , 9 8

Les droits à payer à l'enregistrement pour les biens immeubles d'un époux à un autre époux, par donation ou testament étant de 3 fr. pour $^0/_0$, non compris le décime; combien faut-il payer pour une donation de 4280 fr. ?

Opérations.

1re.　4 2 8 0 fr.　　　2e.　1 2 8 fr. 4 0
　　× 　　　3 　　　　 × 　　　 0 fr. 1 0
　　1 2 8,4 0 　　　　　　1 2,8 4,0 0

3e　Droit　　1 2 8 fr. 4 0　　R. Il faut payer
　　Décime　　1 2 , 8 4　　141 fr. 24.

　　Total　　1 4 1 , 2 4

Les droits à payer à l'enregistrement pour les biens meubles en ligne directe étant de 0 fr. 25 pour %, non compris le décime ; que doit-on payer pour une succession de meubles estimés 7660 fr. ?

Opérations.

1re.　　7 6 6 0 fr.　　　2e.　1 9 fr. 1 5
　　× 　　0 fr. 2 5 　　　　× 　　 0 f. 1 0
　　　　5 8 5 0 0 　　　　　　1,9 1 5 0
　　　1 5 5 2 0

　　　1 9,1 5 0 0

3e.　Droit　　1 9 fr. 1 5　　R. On doit payer 21 fr. 07
　　Décime　　1 , 9 2

　　Total　　2 1 , 0 7

CONTRIBUTIONS INDIRECTES, OCTROIS.

Les droits à percevoir pour l'octroi et l'entrée des vins dans une ville est de 17 fr. 60 par hectolitre. Combien doit-on payer pour l'octroi et l'entrée de 37 hectolitres 72 litres ?

Opération.

```
    1 7 fr. 6 0
  × 3 7 hectol. 7 2 centièmes
          3 5 2 0
        1 2 3 2 0
      1 2 3 2 0
      5 2 8 0
      ─────────
      6 6 3,8 7 2 0
```

R. On doit payer 663 fr. 87 centimes.

Les droits à percevoir dans une ville pour l'octroi par tête de bœuf est de 26 fr. 40. Combien doit-on payer pour 45 bœufs ?

Opération.

```
    2 6 fr. 4 0
  ×         4 5
    ─────────
    1 3 2 0 0
    1 0 5 6 0
    ─────────
    1 1 8 8,0 0
```

R. On doit payer 1188 fr.

Les droits à percevoir pour l'octroi par kilogramme de saucissons, jambons, porc frais à la main, porc salé, toute charcuterie, est de 22 centimes. Combien doit-on payer à l'octroi pour 75 kilogrrmme de porc salé ?

Opération.

```
      7 5
  × 0 fr. 2 2
    ─────────
      1 5 0
    1 5 0
    ─────────
    1 6,5 0
```

R. On doit payer 16 fr. 50.

Les droits à percevoir pour l'octroi par chaque stère ou mètre cube de bois dur à brûler, neuf ou flotté est de 2 fr. 20. Combien doit-on percevoir sur 150 stères $\frac{1}{2}$?

Opération.

$$
\begin{array}{r}
1\,5\,0,5 \\
\times \quad 2,2\,0 \\
\hline
3\,0\,1\,0\,0 \\
3\,0\,1\,0 \\
\hline
3\,3\,1,1\,0\,0
\end{array}
$$

R· On doit percevoir 331 fr. 10 centimes.

DE LA RÈGLE D'INTÉRÊTS.

Quel est l'intérêt du capital de 4500 fr. pour un an, à 5 du cent ?

$$
\begin{array}{r}
4\,5\,0\,0 \\
\times \quad 5 \\
\hline
2\,2\,5,0\,0
\end{array}
$$

R. Cet intérêt est de 225 fr.

Quel est l'intérêt du capital de 7850 fr. 75 pour un an, à 6 du % ?

$$
\begin{array}{r}
7\,8\,5\,0,7\,5 \\
\times \quad 6 \\
\hline
4\,7\,1\,0,0\,4\,5\,0
\end{array}
$$

R. Cet intérêt est de 471 fr. 05

ASSURANCES.

On a payé 5 fr. 625 millièmes pour l'assurance d'une maison estimée 7500 fr. Quel est le taux de la prime ?

$$
7\,5\,0\,0 : 5,6\,2\,5 :: 1\,0\,0\,0 : x
$$

$$
\begin{array}{r}
\times 1\,0\,0\,0 \\
\hline
5\,6\,2\,5,0\,0\,0 \\
3\,7\,5\,0\,0 \\
0\,0\,0\,0
\end{array}
\quad
\begin{array}{|l}
7\,5\,0\,0 \\
\hline
0\,\text{fr.}\,7\,5
\end{array}
$$

R. Le taux de la prime est de 75 centimes par $^{00}/_{00}$.

On a payé 2 fr. 38 centimes $^1/_2$ pour l'assurance d'une maison assurée à raison de 45 centimes pour $^{00}/_{00}$. A combien cette maison était-elle assurée ?

450 millièmes : 1000 fr. :: 2385 millièmes : x

4 5 0 : 1 0 0 0 :: 2 3 8 5 : x

$$\times \; 1\,0\,0\,0$$

```
  2 3 8 5 0 0 0  | 4 5 0
      1 5 5 0    | 5 3 0 0
      0 0 0 0 0
```

R. Cette maison était estimée 5300 fr.

Une machine fait 3 fois plus d'ouvrage qu'une autre qui en fait 4 fois moins qu'une troisième. Combien de fois celle-ci en fait-elle plus que la première ?

4 fois Réponse. La troisième machine fait 12
$\times$ 3 fois fois plus d'ouvrage que la première,
$=$ 12 fois.

Quel est le nombre qui, étant ajouté au produit de 250 par 40, donne 200 fois 60 pour total.

Opérations:

1re.	250	2e.	200	3e.	De	12000
	× 40		× 60		Otez	10000
	10000		12000		Reste	02000

Réponse. Ce nombre est 2000.

Preuve.

```
  1 0 0 0 0
+   2 0 0 0
  1 2 0 0 0
```

Un pentagone peut-être partagé en autant de triangles, moins deux, qu'il y a de côtés dans ce polygone.

Combien y a-t-il de degrés dans un pentagone ?

$$\begin{array}{r} 1\,8\,0 \text{ degrés valeur d'un triangle.}\\ \times \quad 3 \text{ triangles.}\\ \hline = \quad 5\,4\,0 \text{ degrés.} \end{array}$$ R. Il y a 540 degrés dans un pentagone.

Un pentagone est une figure plane régulière qui a cinq côtés et cinq angles égaux.

Quelle est la valeur en degrés de tous les angles intérieurs d'un octogone ?

Un octogone est une figure plane qui a 8 angles et 8 côtés égaux.

$$\begin{array}{r} 1\,8\,0 \text{ degrés valeur d'un triangle.}\\ \times \quad 6 \text{ triangles qu'a un octogone.}\\ \hline = 1\,0\,8\,0 \text{ degrés.} \end{array}$$

R. La valeur de tous les angles intérieurs d'un octogone est de 1080 degrés.

Un angle droit se mesure par un quart de cercle ou 90 degrés. Or les trois angles de tout triangle valent ensemble 2 angles droits. Quelle est la valeur de ces trois angles en degrés ?

$$\begin{array}{r} 9\,0 \text{ degrés}\\ \times \quad 2 \text{ angles droits.}\\ \hline = 1\,8\,0 \text{ degrés.} \end{array}$$ R. La valeur des trois angles de tout triangle est de 180 degrés.

Combien doit-on payer pour 5 centilitres d'eau-de-vie à 1 fr. 25 le litre ?

$$
\begin{array}{r}
1 \text{ fr. } 2\,5 \\
\times\ 0 \text{ litre } 0\,5 \\
\hline
0,0\,6\,2\,5
\end{array}
$$

R. On doit payer 6 centimes et un quart de centime.

J'ai acheté 25 mètres carrés de terrain à 75 fr. 50 centimes l'are. Combien dois-je payer ?

Un mètre carré est un centiare.
Il faut 100 mètres carrés pour faire un are.

$$
\begin{array}{r}
7\,5 \text{ fr. } 5\,0 \\
\times\ 0 \text{ are } 2\,5 \text{ centiares} \\
\hline
3\,7\,7\,5\,0 \\
1\,5\,1\,0\,0 \\
\hline
1\,8,8\,7\,5\,0
\end{array}
$$

R. Vous devez payer 18 fr. 87 centimes et demi.

Que faut-il payer pour 75 pommes à 1 fr. 25 le cent ?

$$
\begin{array}{r}
1,2\,5 \\
\times\ 7\,5 \\
\hline
6\,2\,5 \\
8\,7\,5 \\
\hline
0,9\,3\,7\,5
\end{array}
$$

Dans une multiplication a tant le cent, il faut retrancher au produit deux chiffres qui sont pour la division par 100, plus les décimales.

Réponse.

Il faut payer 0 fr. 93 centimes 75 centièmes de centimes, ou 93 centimes 3/4, ou 94 centimes.

Que doit-on payer pour 2500 tuiles à 25 fr. le mille ?

```
  2 5 0 0
X    2 5
─────────
1 2 5 0 0
5 0 0 0
─────────
6 2,5 0 0
```

R. On doit payer 62 fr. 50.

Dans une multiplication à tant le mille, il faut retrancher au produit trois chiffres qui sont pour la division par 1.000, plus les décimales.

Que faut-il payer pour 1250 clous à 2 fr. 60 le mille ?

```
    1 2 5 0
X      2,6 0
──────────
  7 5 0 0 0
  2 5 0 0
──────────
  5,2 5 0 0 0
```

R. Il faut payer 5 fr. 25 centimes.

Combien doit-on payer pour 26 briques à 33 fr. le millier ?

```
      2 6
X     5 5
────────
      7 8
    7 8
────────
  0,8 5 8
```

R. On doit payer 86 centimes.

Que doit-on payer pour 175 kilogrammes de viande à 150 fr. les 100 kilogrammes ?

```
      1 7 5
  ×   1 5 0
    5 2 5 0
  1 7 5
  2 2 7,5 0
```

R. On doit payer 227 fr. 50.

Que faut-il payer pour 14 kilogrammes 875 grammes de mouton à 142 fr. les cent kilogrammes.

```
    1 4,8 7 5
  ×     1 1 2
    2 9 7 5 0
    1 4 8 7 5
  1 4 8 7 5
  1 6,6 6 0 0 0
```

R. Il faut payer 16 fr. 66 centimes.

Combien faut-il payer pour 9 hectolitres 20 litres
d'eau-de-vie à 125 fr. l'hectolitre ?

```
    1 2 5
  ×     9,2 0
    2 5 0 0
  1 1 2 5
  1 1 5 0,0 0
```

R. Il faut payer 1150 fr.

Que doit-on payer pour 35 litres de vin à 55 fr.
l'hectolitre ?

```
      3 5
  ×   5 5
    1 7 5
  1 7 5
  1 9,2 5
```

R. On doit payer 19 fr. 25.

Combien faut-il payer pour 7 kilogrammes $^1/_2$ de sucre à 165 fr. les 100 kilogrammes ?

```
    1 6 5
 ×     7,5          R. Il faut payer 12 fr. 37 cent. $^1/_2$
    8 2 5
 1 1 5 5
 ─────────
 1 2,5 7 5
```

Que doit-on payer pour 15750 kilogrammes de blé à 50 fr. 50 les 100 kilogrammes ?

```
    1 5 7 5 0
 ×      5 0,5 0
    7 8 7 5 0 0        R. On doit payer 4803 fr. 75
  4 7 2 5 0 0
 ──────────────
  4 8 0 5,7 5 0 0
```

Que faut-il payer pour 3125 kilogrammes de farine à 48 fr. 50 les cent kilogrammes ?

```
    3 1 2 5
 ×     4 8,5 0
    1 5 6 2 5 0       R. Il faut payer 1515 fr. 62
    2 5 0 0 0         centimes $^1/_2$.
  1 2 5 0 0
 ──────────────
  1 5 1 5,6 2 5 0
```

Combien doit-on payer pour 5 mètres cubes 9 décimètres cubes d'ouvrage à 8 fr. 75 le mètre cube ?

```
        5,0 0 9          Il faut 100 décimètres cubes
    ✕   8,7 5            pour faire un mètre cube.
    ─────────
      2 5 0 4 5
      5 5 0 6 5          R. On doit payer 43 fr. 83
    4 0 0 7 2
    ───────────
    4 3,8 2 8 7 5
```

Combien faut-il payer pour 35 mètres carrés de terrain à 850 fr. l'hectare.

Un hectare vaut 10.000 mètres carrés.
0 hectare 0 0 5 5 centiares.

```
    ✕     8 5 0 fr.
    ──────────
        1 7 5 0          R. Il faut payer 2 fr. 97
      2 8 0              centimes $1/_2$.
    ──────────
    2,9 7 5 0
```

La circonférence d'un cercle vaut 360 degrés.
Un demi cercle vaut   180
Un quart de cercle vaut   90
Les trois quarts d'un cercle valent 270
Un degré vaut 60 minutes.
Une minute vaut 60 secondes.
Une seconde vaut 60 tierces.

Tout nombre multiplié par 10 c'est ajouter un zéro à sa droite ; par 100, deux ; par 1,000, trois ; par 10.000, quatre ; par 100.000, cinq, par 1.000.000, six, etc.

Exemples.

A 10 fr. le mètre de drap, combien coûteront 45 mètres ?

(450). R. Ils coûteront 450 fr.

Le gramme de sucre coûte 0 fr. 0014 dix-milliè-mes ; à combien est-ce le décagramme, l'hectogram-me et le kilogramme ?

(0,00140 ; 0,1400 ; 1,4000). R. C'est à 0 fr. 014 millièmes le décagramme ; à 0 fr. 14 centimes l'hec-togramme ; et à 1 fr. 40 le kilogramme.

Il faut 10 grammes pour faire un décagramme.

Il faut 100 grammes pour faire un hectogramme.

Il faut 1000 grammes pour faire un kilogramme.

Le gramme de tabac coûte 0 fr. 01 centime, à com-bien est-ce le décagramme, l'hectogramme et le kilogr ?

(0,10 ; 1,00 ; 10,00). R. C'est à 0 fr, 10 centi-mes le décagramme ; à 1 fr. 00 centime l'hecto-gramme ; et à 10 fr. le kilogramme.

Le gramme de viande coûte 0 fr. 00125 cent-millièmes, à combien est-ce le décagramme l'hecto-gramme et le hilogramme ?

(0,01250 ; 0,12500 ; 1,25000). R. C'est à 0 fr 0125 dix-millièmes le décagramme ; à 0 fr. 12 cen times 1/2 l'hectogramme ; et à 1 fr. 25 le kilogramme

Le gramme de café coûte 0 fr. 004 , à combien est-ce le décagramme, l'hectogramme et le kilogramme.

(0,040 ; 0,400 ; 4,000). R, C'est à 0 fr. 04 centimes le décagramme ; à 0 fr. 40 centimes l'hec-togramme ; et à 4 fr. le kilogramme.

Le gramme de pain coûte 0 fr. 00045 cent-mil-lièmes ; à combien est-ce le décagramme, l'hectogram-me et le kilogramme ?

(0,00450 ; 0,04500 ; 0,45000). R. C'est a 0 fr. 0045 dix-millièmes le décagramme ; à 0 fr. 045 millièmes l'hectogramme ; et à 0 fr. 45 centimes le kilogramme.

Le litre de blé coûte 0 fr. 55 centimes ; à combien est-ce l'hectolitre?

(35,00). R. C'est à 35 fr.

Le kilogramme de blé coûte 0 fr. 55 centimes 55 centièmes de centime ; à combien est-ce les 100 kilogrammes ?

(55,5500). R. C'est à 55 fr. 55 centimes.

Le kilogramme de farine coûte 0 fr. 57 centimes ; à combien est-ce les 100 kilogrammes ?

(57,00). R. C'est à 57 fr.

Le kilogramme de pain coûte 0 fr. 59 centimes, à combien est-ce les 100 kilogrammes ?

(59,00). R. C'est à 59 fr.

Le kilogramme de viande coûte 1 fr. 25, à combien est-ce les 100 kilogrammes ?

(125,00). R. C'est à 125 fr.

Le kilogramme de sucre coûte 1 fr. 30, à combien est-ce les 100 kilogrammes ?

(130,00). C'est à 130 fr.

Le kilogramme de café coûte 5 fr. 75, à combien est-ce les 100 kilogrammes ?

(575,00). R. C'est à 575 fr.

Le kilogramme de thé coûte 16 fr. , à combien est-ce les 100 kilogrammes ?

(1600). R. C'est à 1600 fr.

Le litre de vin coûte 0 fr. 60 centimes, à combien est-ce l'hectolitre ?

(60,00). R. C'est à 60 fr.

Le litre d'eau-de-vie coûte 1 fr. 25 , à combien est-ce l'hectolitre ?

(125,00). R. C'est à 125 fr.

Le mètre de petit ruban coûte 0 fr. 10 centimes, combien coutent 100 mètres ?

(10,00). R. Ils coûtent 10 fr.

A 10 fr. l'are de terrain, combien l'hectare ?

(1000). R. C'est à 1000 fr.

Le mètre carré de terrain coûte 0 fr. 35, à combien est-ce l'are ?

(35,00). R. C'est à 35 fr.

Un litre de petits pois coûte 0 fr. 50 centimes ; à combien est-ce le décalitre ?

(5,00). R. C'est à 5 fr.

Un objet coûte 35 fr. ; combien coûte la dizaine, le cent et le mille ?

(350 ; 3500 ; 35000). R. La dizaine coûte 350 fr. ; le cent 3500 ; et le mille 35.000 fr.

Le gramme d'une certaine marchandise coûte 5 centimes ; combien coûtent le décagramme, l'hectogramme et le kilogramme ?

(0,50 ; 5,00 ; 50,00). R. Le décagramme coûte 50 centimes ; l'hectogramme 5 fr. ; et le kilog 50 fr.

Un terrain s'est vendu à Paris 450 fr. le mètre carré. A combien est-ce l'are et l'hectare ?

(45000 ; 4500000). R. C'est à 45.000 fr. l'are ; et à 4.500.000 fr. l'hectare.

Un mètre carré est un centiare.

Il faut 100 mètres carrés pour faire un are.

Un hectare est 100 ares.

Il faut 10.000 mètres carrés pour faire un hectare.

Un tuile coûte 0 fr. 025 ; à combien est-ce le cent et le mille ?

(2,500 ; 25,000). R. C'est à 2 fr. 50 le cent ; et à 25 fr. le mille.

Une brique coûte 0 fr. 055 ; à combien est-ce le cent et le mille ?

(5,500 ; 55.000). R. C'est à 5 fr. 50 le cent ; et à 55 fr. le mille.

Une ardoise coûte 0 fr. 045 ; à combien est-ce le cent et le mille ?

(4,500 ; 45,000). R. C'est à 4 fr. 50 le cent ; et à 45 fr. le mille.

Un fagot coûte 0 fr. 06 ; à combien est-ce le cent et le mille ?

(6,00 ; 60,00). R. C'est à 6 fr. le cent, et à 60 fr. le mille.

Un mètre d'étoffe coûte 0 fr. 75 ; combien coûteront 10,000 mètres ?

(7500,00). R. Ils coûteront 7500 fr.

Un soldat reçoit 0 fr. 05 centimes par jour du gouvernement ; combien faut-il pour payer 100,000 soldats ?

(5000,00). R. Il faut 5000 fr.

Un kilogramme de fer coûte 0 fr 40 centimes ; à combien revient 1,000,000 de kilogrammes ?

(400000,00). R. Il revient à 400,000 francs.

A 35 fr. le mille de briques, combien coûtent le cent, la dizaine et la pièce ?

(3,5 ; 0,35 ; 0,035). R. Le cent coûte 5 fr. 5 décimes, ou 3 fr. 50 centimes ; la dizaine coûte 35 centimes ; et la pièce 0 fr. 035 millièmes eu 3 centimes $\frac{1}{2}$.

RÉDUCTION DE QUELQUES FRACTIONS ORDINAIRES EN DÉCIMALES.

$\frac{1}{8}$	Vaut	0	unité	125	millièmes.
$\frac{1}{4}$	id.	0	,	25	centièmes.
$\frac{1}{3}$	id.	0	,	33	centièmes.
$\frac{5}{8}$	Valent	0	,	375	millièmes.
$\frac{1}{2}$	Vaut	0	,	5	dixièmes ou 50 cent.
$\frac{2}{3}$	Valent	0	,	67	centièmes.
$\frac{3}{4}$	id.	0	,	75	centièmes.
$\frac{5}{8}$	id.	0	,	625	millièmes.
$\frac{7}{8}$	id.	0	,	875	millièmes.
$\frac{1}{5}$	Vaut	0	,	20	centièmes.
$\frac{3}{5}$	Valent	0	,	60	centièmes.
$\frac{4}{5}$	Valent	0	,	80	centièmes.
$\frac{1}{6}$	Vaut	0	,	167	millièmes.
$\frac{5}{6}$	Valent	0	,	833	millièmes.

Il faut 51 grammes $^1/_4$ pour faire une once, mais les marchands ne donnent pour poids que 50 grammes.

Il faut 62 grammes $^1/_2$ pour faire deux onces, mais les marchands ne donnent pour poids que 60 grammes.

Il faut 93 grammes $^3/_4$ pour faire trois onces, mais les marchands ne donnent pour poids que 90 grammes.

Il faut 125 grammes pour faire un quart de livre ou un $^1/_8$ de kilogramme.

Il faut 250 grammes pour faire une demi-livre ou $^1/_4$ de kilogramme.

Il faut 375 grammes pour faire trois quarts de livre ou $^3/_8$ de kilogramme.

Il faut 500 grammes, ou 50 décagrammes, ou 5 hectogrammes pour faire une livre ou $^1/_2$ kilogramme.

Il faut 625 grammes pour faire une livre et un quart, ou cinq quarts de livre, ou $^5/_8$ de kilogramme.

Il faut 750 grammes pour faire une livre et demie ou $^3/_4$ de kilogramme.

Il faut 875 grammes pour faire une livre $^3/_4$ ou 2 livres moins $^1/_4$ ou $^7/_8$ de kilogramme.

Il faut 1000 grammes, ou 100 décagrammes, ou 10 hectogrammes, ou 1 kilogramme pour faire deux livres.

Il faut 16 onces pour faire une livre.

Il faut 12 onces pour faire $^3/_4$ de livre.

Il faut 8 onces pour faire $^1/_2$ livre.

Il faut 4 onces pour faire $^1/_4$ de livre.

Il faut 2 onces pour faire un demi-quart.

DIVISION.

De combien la moitié de neuf est-elle ?
On me répond que la moitié de 9 est de 4 et demi.
Moi je dis que la moitié de 9 est de 4.

Et voici comment.

$$\frac{IV}{I\Lambda}$$

J'écris sur un morceau de papier le nombre neuf en chiffres romains, et le divisant en deux parties par une ligne transversale, j'obtiens deux moitiés de chacune IV unités.
Donc la moitié de 9 est de 4.

De combien la moitié de douze est-elle ?
On me répond que la moitié de 12 est de 6.
Moi je dis que la moitié de 12 est de 7.

Et voici comment

$$\frac{VII}{\Lambda II}$$

J'écris sur un morceau de papier le nombre douze en chiffres romains, et le divisant en deux parties par une ligne transversale, j'obtiens deux moitiés de chacune VII unités. Donc la moitié de 12 est de 7.

De combien la moitié de rien est-elle ?

On me répond que la moitié de rien est de rien.
Moi je vais prouver que la moitié de rien est de quelque chose.

Exemple.

Ri | en

J'écris le mot *Rien* sur une seule ligne, je le sépare en deux par un trait vertical et j'ai 2 pour chaque moitié, c'est-à-dire deux lettres.
Donc la moitié de rien est de 2.

De combien le tiers et demi de 10 est-il ?

Opération.

$$^1/_2 = \begin{matrix} 1\,0 \\ 5 \end{matrix}$$

Réponse. Le tiers et demi de 10 est de 5.

Pour faire cette opération je dis : un tiers et un demitiers font une moitié de n'importe quelle chose ; en conséquence la moitié ou le tiers et demi de 10 est de 5

De combien le tiers et demi de 100 est il ?

Opération.

$$^1/_2 = \begin{matrix} 1\,0\,0 \\ 5\,0 \end{matrix}$$

Réponse. Le tiers et demi de 100 est de 50.

De combien le tiers et demi de 75 mètres est-il ?

Opération.

$^4/_2 =$
7 5 m 0 0
3 7 m 5 0

R. Le tiers et demi de 75 mètres est de 37 mètres 50 centimètres.

___

De combien le tiers et demi de $^3/_4$ est-il ?

Opération.

$^4/_2 = \frac{^3/_4}{^3/_8}$

Ici on ne fait que de doubler le dénominateur de la fraction, le numérateur devant rester le même.

Réponse. Le tiers et demi de trois quarts est de trois huitièmes.

___

De combien le tiers et demi de 5 $^4/_2$ est-il ?

Opération.

$^4/_2 = \begin{matrix} 5 & ^4/_2 \\ 2 & ^3/_4 \end{matrix}$

Réponse. Le tiers et demi de 5 $^4/_2$ est de 2 unités $^3/_4$.

___

Comment m'écrirez-vous avec sept lettres :

La vie est traversée de mille soucis ?

Je l'écrirai ainsi :

$$\text{La vi} \; \text{s} \; \frac{0}{1000} \; e$$

Ce qui signifie : La vie est traversée de 1000 *sous si*.

————————

Mademoiselle veut-elle bien me dire combien il y a de fois 13 dans 12 ?

Réponse. Il n'y a pas seulement une fois.
Moi je vais prouver à Mademoiselle qu'il y a 6 fois.

Voici comment :

1	Pour faire cette opération je pose
2	les uns sous les autres les chiffres
3	depuis 1 jusqu'à 12, ensuite je dis
4	en comptant de bas en haut 12 et 1
5	font 13. j'écris 3 et j'avance 1 ; 11
6	et 2 font 13, j'écris 3 et j'avance 1 ;
7	10 et 3 font 13, j'écris 3 et j'avan-
8	ce 1 ; 9 et 4 font 13, j'écris 3 et
9	j'avance 1 ; 8 et 5 font 15, j'écris
10	3 et j'avance 1 ; 7 et 6 font 15
11	j'écris 3 et j'avance 1.
12	

————————

13,13,13,13,13,13

Réponse. Il y a 6 fois 13 dans 12.

Une poule a mis 6 ans et 310 jours pour payer avec ses œufs ce qu'elle a coûté sans compter sa nourriture. Combien a-t-elle coûté sachant qu'elle n'a pondu un œuf que toutes les 40 heures et qu'il faut 10 de ces œufs pour valoir un centime ?

Opérations:

1re. 5 6 5 jours
×   6 ans
―――――――――
  2 1 9 0 jours
+ 3 1 0
―――――――――
= 2 5 0 0 jours
×   2 4 heures
―――――――――
1 0 0 0 0
5 0 0 0
―――――――――
6 0 0 0 0 heures

2e. 6 0 0 0 0 h. | 40 h.
    2 0 0   ――――――――――
      0 0 0 0 | 1 500 œufs pondus
             en 60000 heures

3e. 1 5 0 0 œufs | 10 œufs
      0 5 0   ―――――――――
       0 0 0 | 150 centimes.

Réponse. Cette poule a coûté 1 fr. 50.

―――――――

Par quel nombre faut-il diviser 1 pour avoir 32 au quotient ?

Opération.

1 | 3 2
     ――――
     $^1/_{32}$

R. Par le nombre $^1/_{32}$.

Preuve.

1 à diviser par 1/32

1re. 1 × 3 2
    ――――――――
       1

2e.   3 2
×   1
――――――――――
3 2 | 1 numérateur.
0 2 | 3 2
――――
0

Si la somme que j'ai était multipliée par 8 et divisée par 7, j'aurais 24 fr. quelle somme ai-je ?

Opérations.

1re. 24 fr. | 8   2e.   3 fr.
      0 | 3 fr.   × 7
                                 ── 24 fr.

Réponse. Vous avez 21 fr.

Preuve.

            21 fr.
        ×   8 | 7
        ─────────────
          168 | 24 fr.

En prenant les 0,025 d'un nombre j'ai trouvé 7, 5 ; quel est ce nombre ?

Opération.   *Preuve.*

7500 millièmes | 25 millièmes   300 unités
0000 | ──────────   ×   0,025
               | 300 unités   ─────────────
                                   1500
Réponse. Ce nombre est 300 unités.   600
                                ─────────────
                                   7,500

J'ai multiplié 3, 5 par un certain nombre, et j'ai obtenu pour produit 7, 3 5. Quel est ce nombre ?

```
7.3 5 centièmes | 3 5 0 centièmes
0 5 5 0            |  2,1
   0 0 0
```

R. Ce nombre est 2 unités 1 dixième.

Preuve.

$$
\begin{array}{r}
5,5\,0 \\
\times\ 2,1 \\
\hline
3\,5\,0 \\
7\,0\,0 \\
\hline
7,3\,5\,0
\end{array}
$$

Trouvez deux nombres, lesquels multipliés l'un par l'autre, fassent au produit 12, et divisant le grand par le petit, le quotient soit 1 $\frac{1}{2}$?

Opérations.

1re.
$$
\begin{array}{r}
1\,2 \\
\times\ \ 2 \text{ demis} \\
\hline
=\ 2\,4 \text{ demis}
\end{array}
$$

2°.
$$
\begin{array}{r}
1\ \tfrac{1}{2} \\
\times\ 2 \text{ demis} \\
\hline
2 \text{ demis} \\
+\ \ 1 \\
\hline
=\ 3 \text{ demis}
\end{array}
$$

3°.
```
2 4 | 3
  0 |———
    | 8
```

4°.
```
1 2 | 8
  4 | 1  1/2
```

R. Ces nombres sont **8** et **12** et le quotient 1 $\frac{1}{2}$.

Preuve.

$$
\begin{array}{r}
8 \\
\times\ 1\ \tfrac{1}{2} \\
\hline
8 \\
\tfrac{1}{2} =\ \ 4 \\
\hline
=\ 1\,2
\end{array}
$$

```
1 2 | 8
  4 | 1  1/2
```

Une somme de 1100 fr. doit être partagée en 2 parties et demie. Combien chacune aura-t-elle ?

Opérations.

```
1 1 0 0,0 | 2,5
    1 0 0 |_____
    0 0 0 | 440 fr. pour une partie
```

R. Les deux parties auront chacune 440 fr., et la demi-partie aura 220 fr. qui sont la moitié de 240.

Preuve.

```
    4 4 0 fr. pour une partie
+   4 4 0     pour l'autre.
+   2 2 0  pour la demi-partie.
_____
= 1 1 0 0  fr.
```

On a fait 10 mètres d'ouvrage en deux heures et demie ; combien en a-t-on fait par heure ?

Opération.

```
1 0 0  dixièmes | 2 5 dixièmes
  0 0            |_____
                 | 4 mètres.
```

R. On en a fait 4 mètres.

Quel est le nombre qui, augmenté de ses $^5/_6$ fait 33 ?

Opérations.

```
1re.   6/6       2e.   3 3 × 6      3e.   3 3
  +    5/6          _____        × 6  | 1 1
  ===  11/6            1 1            _____  |_____
                                      1 9 8 |  4 8
                                      0 8 8
R. Ce nombre est 18.                  0 0
```

Preuve.

```
 18 │ 6          18
  0 │ ──       + 1 5
    │  3       ─────
  × 5          = 5 5
 ────
  1 5
```

Une personne me voyant un certain nombre de pièces de 20 francs, me demanda combien j'en avais. Je lui fis réponse que si j'en avais encore $1/_3$ et 12 de plus, j'en aurais 152. Combien en avais-je ?

Opérations.

1re. Do   1 5 2 pièces   2e. $3/_3$
     Otez   1 2   + $1/_3$
     ────────────────   ─────────
     Reste   1 2 0 pièces   = $4/_3$

3e. $\dfrac{1\,2\,0 \times 3}{4}$ 4e.   1 2 0
                                         ×   3 │ 4
                                         ──────────────
                                         3 6 0 │ 9 0 pièces
                                         0 0

R. Vous en aviez 90.

Preuve.

```
     9 0 pièces que vous aviez
   + 3 0 pour le tiers
   + 1 2 de plus
   ────────────────
   = 1 5 2 pièces.
```

Le tiers d'une compagnie de soldats est mort de l'épidémie, deux cinquièmes ont été tués par le feu de l'ennemi, un sixième a déserté et il n'en reste plus que 27. De combien d'hommes cette compagnie était-elle composée ?

Opérations.

1re.	5 0 D. C.	2e.	De	5 0
$1/_5$ =	1 0		Otez	2 7
$2/_5$ =	1 2		Reste	0 3
$1/_6$ =	5			
=	2 7			

3e. Si 5 trentièmes valent 27 soldats, combien vaudront 27 trentièmes ?

5 : 27 :: 27 : x   4e.   2 4 3
     × 27   +   2 7
     —————   ————————————
     1 8 9   = 2 7 0 hommes.
     5 4
     —————
     7 2 9 | 5
     1 2 | 2 4 3
       0 9
       0

R. Cette compagnie était composée de **270** hommes.

————

J'avais un certain nombre de pièces de 5 fr. en or,
j'en ai donné $5/_8$ que je devais, dépensé $1/_3$, perdu $1/_{12}$,
et il m'en reste 10. Combien devais-je de pièces et de
francs, combien en ai-je dépensé, combien en ai-je
perdu, et combien en avais-je en tout ?

Opérations.

1re.	2 4 D. C.
$5/_8$ =	9
$1/_3$ =	8
$1/_{12}$ =	2
=	1 9

2ᵉ. De   2 4
     Ôtez   1 9
_____

Reste   0 5   qui valent les 10 pièces.

5ᵉ. Si 5 vingt-quatrièmes valent 10 pièces, combien vaudront 19 vingt-quatrièmes ?

$$5 : 10 :: 19 : x$$
$$\times 19$$

     9 0
     1 0 | 5
_____
     1 9 0 | 5 8 pièces.
     4 0
       0

4ᵉ.   5 8 pièces.
    + 1 0
_____
    = 4 8 pièces.
    × 5 fr.
_____
    = 2 4 0 fr.

R. Vous deviez 9 pièces qui font 45 fr., vous en avez dépensé 8 qui valent 40 fr., perdu 2 qui valent 10 fr., et vous en aviez en tout 48 qui valaient 240 francs.

_____

Par quel nombre faut-il diviser une somme pour la rendre 5 fois plus forte ?

R. Il faut la diviser par $^1/_6$.

Exemple.

1ʳᵉ. $\dfrac{5 \times 6}{1}$ 2ᵉ.   5
                          × 6 | 1
                      _____ | ___
                         5 0 | 5 0

Preuve.

De   5 0
Ôtez   5 | 5 valeur de $^1/_6$
_____ | 5 somme cinq fois plus forte.
Reste   2 5
       0

J'avais un certain nombre de pièces de 10 fr. ; j'en
ai dépensé $^1/_5$, prêté $^1/_4$, donné $^1/_6$ que je devais, mis $^1/_8$ à la caisse d'épargne et il m'en reste 5.
Combien ai-je dépensé de pièces, combien en ai-je prêté, combien en ai-je donné, combien en ai-je mis à
la caisse d'épargne et combien en avais-je en tout?

Opérations.

```
1re.        24 D. C.      2e.  De      24
 1/5  =  8                     Otez    21
 1/4  =  6                     Reste   05
 1/6  =  4
 1/8  =  3
      =  24
```

```
3e.  3 : 5 :: 21 : x        4e.  21 pièces
          ×  5              ×      3 qui restent
          ————              =     24 pièces.
          65
          05 | 3
          0  | 21
```

R. Vous avez dépensé 8 pièces, prêté 6, donné 4,
mis 5 à la caisse d'épargne et vous en aviez en tout 24,

DIVISION EXPLIQUÉE DES NOMBRES DÉCIMAUX.

D. Comment divise-t-on un nombre décimal par
un nombre entier ?

R. Pour diviser un nombre décimal par un nombre
entier, on opère comme si le dividende était un nombre
entier, en ayant soin, quand on a achevé de diviser la
partie entière et abaissé à la droite du reste le premier
chiffre décimal, de mettre la virgule au quotient ; et
l'on continue la division jusqu'à ce qu'on ait épuisé tous
les chiffres du dividende.

Exemple.

On a 1710 fr. 51 centimes à partager entre 55 personnes. Combien chacune aura-t-elle ?

```
1 7 1 0,5 1 | 5 5
  1 2 0     |—————
    1 4 5   | 5 2,2 7
      5 7 1     R. Chaque  personne aura
        0 0     52 fr.  27 centimes.
```

D. Comment divise-t-on un nombre entier par un nombre décimal?

R. Pour diviser un nombre entier par un nombre décimal, il faut ajouter autant de zéros au dividende qu'il y a de chiffres décimaux au diviseur, ensuite faire abstraction de la virgule et diviser comme à l'ordinaire.

Exemple.

0 mètre 75 centimètres de drap ont coûté 15 fr. ; à combien revient le centimètre ?

```
1 5 0 0 | 7 5
0 0 0   |—————
        | 0 fr. 20
```

R. Le centimètre de ce drap revient à 20 centimes.

D. Comment divise-t-on un nombre entier par un nombre entier accompagné d'un ou de plusieurs chiffres décimaux ?

R. Pour diviser un nombre entier accompagné d'un ou de plusieurs chiffres décimaux, il faut ajouter autant de zéros au dividende qu'il y a de chiffres décimaux qui suivent les entiers du diviseur, ensuite faire abstraction de la virgule et diviser comme à l'ordinaire.

1re. *Exemple.*

4 mètres 25 centimètres d'étoffe ont coûté 17 fr., à combien revient le mètre ?

1 7 0 0	4 2 5
0 0 0	4 fr.

R. Le mètre de cette étoffe revient à 4 fr.

2e. *Exemple.*

12 mètres 50 centimètres d'étoffe ont coûté 35 fr., à combien revient le mètre ?

3 5 0 0	1 2 5 0
1 0 0 0 0	2 fr. 80
0 0 0 0 0	

R. Le mètre de cette étoffe revient à 2 fr. 80.

D. Quelle est la règle générale pour la division des nombres décimaux ?

R. Pour diviser en général un nombre décimal par un autre nombre décimal, on transporte la virgule dans le dividende d'autant de rangs vers la droite qu'il y a de chiffres décimaux dans le diviseur, puis on fait abstraction de la virgule dans le diviseur, et l'on opère sur les deux nombres ainsi modifiés.

Exemple.

3 mètres 5 décimètres d'étoffe coûtent 9 fr. 45 ; à combien revient le mètre ?

9 4,5	3 5
2 4 5	2,7
0 0	

R. Le mètre de cette étoffe revient à 2 fr. 7 décimes, ou 2 fr. 70 centimes.

D. Que ferait-on s'il n'y avait pas au dividende assez de chiffres décimaux pour qu'on pût transporter la virgule vers la droite, comme l'indique la règle générale?

R. Si le dividende n'avait pas assez de chiffres décimaux, on y suppléerait par des zéros.

Exemple.

Combien aura-t-on de feuilles de papier pour la somme de 5 fr. 6 décimes à 0 fr. 128 millièmes la feuille?

```
5 6 0 0 | 1 2 8
1 0 4 0 |------
0 1 6 |  2 8      R. On en aura 28 feuilles
```

2°. Exemple.

2 mètres 56 centimètres de drap coûtent 49 fr.; à combien revient le mètre?

```
4 9 0 0 centièmes | 2 5 6 centièmes
2 5 4 0           |----------------
0 5 6 0           |  1 9 fr. 14
1 0 4 0           |
0 1 6            R. Le mètre revient à 19 fr. 14.
```

D. Lorsque la division des nombres décimaux ne réussit pas, que doit-on faire?

R. Pour diviser un nombre décimal par un autre nombre décimal, on rend le nombre des chiffres décimaux égal de part et d'autre, en suppléant par des zéros à celui des deux qui en a le moins, puis on supprime la virgule et l'on divise les deux nombres comme des nombres entiers.

1er. *Exemple.*

Combien aura-t-on de feuilles de papier pour la somme de 7 fr. 5 décimes à 2 centimes $\frac{1}{2}$ la feuille ?

7 5 0 0 millièmes | 2 5 millièmes
0 0 0 0 | 5 0 0

R. On en aura 500 feuilles.

2e. *Exemple.*

Si l'on retranchait 0,04 de 3,6 ; puis du reste, si l'on retranchait encore 0,04 , et ainsi de suite, autant qu'on pourrait le faire, combien ferait-on de soustractions ?

3 6 0 centièmes | 4 centièmes
0 0 | 90

R. On en ferait 90.

3e. *Exemple.*

Quel est le quotient de 0,00024 cent-millièmes divisés par 0,008 millièmes ?

24.00 | 8 0 0   *Preuve.*
0 0 0 | 0,03   0,0 0 8 0 0
                      × 0,0 3
                      0,0 0 0 2 4 0 0

R. Ce quotient est de 0 unité 03 centièmes.

4e. *Exemples.*

5 litres ¹/₂ d'eau-de-vie coûtent 7 fr. 55 centimes;
à combien revient le litre ?

7 5 5 centièmes	3 5 0 centièmes
0 5 5 0	2 fr. 40
0 0 0 0	

R. Le litre revient à 2 fr. 40

5e. *Exemple.*

On a divisé 0,0048 par un certain nombre et l'on a
eu pour quotient 0,00016. Quel était le nombre diviseur ?

4 8 0 cent-millièmes	1 6 cent-millièmes
0 0 0	3 0 unités

Preuve.

0,0 0 0 1 6
× 3 0 unités
0,0 0 4 8 0

Ṙ. Le diviseur était 50 unités.

6e. *Exemple.*

On a payé 67 fr. 50 à un certain nombre d'ouvriers
dont chacun a reçu 2 fr. 50. Combien y avait-il d'ouvriers ?

6 7 5 0	2 5 0
1 7 5 0	2 7 ouvriers
0 0 0	

R. Il y avait 27 ouvriers.

7e. *Exemple.*

4 hectolitres 25 litres de vin ont coûté 148 fr. 75 ;
à combien revient l'hectolitre ?

1 4 8 7 5	4 2 5
2 1 2 5	5 5 fr.
0 0 0	

R. L'hectolitre revient à 55 fr.

8°. *Exemple.*

341 mètres d'étoffe coûtent 2199 fr. 45 centimes. A combien revient le mètre ?

```
2 1 9 9,4 5 | 3 4 1
  1 5 5 4   | 6,4 5
    1 7 0 5
      0 0 0
```

R. Le mètre revient à **6 fr.45**

9°. *Exemple.*

4 mètres 25 centimètres d'indienne coûtent 14 fr. 66 centimes $^1/_4$; à combien revient le mètre ?

```
1 4 6 6,2 5 | 4 2 5
  1 9 1 2   | 5,4 5
    2 1 2 5
      0 0 0
```

R. Le mètre revient à **3 fr. 45.**

10°. *Exemple.*

Combien aura-t-on de litres de liqueur pour la somme de 2489 fr. à 4 fr. 75 le litre ?

```
2 4 8 9 0 0 centièmes | 4 7 5 centièmes.
2 3 7 5               |   5 2 4
0 1 1 4 0
  9 5 0
  1 9 0 0
  1 9 0 0
  0 0 0 0
```

R, On en aura 524 litres.

PREUVE DE LA MULTIPLICATION PAR LA DIVISION.

D. Comment fait-on la preuve de la multiplication par la division ?

R. Pour faire la preuve de la multiplication par la division, il faut diviser le produit par l'un des facteurs, le quotient donnera l'autre.

Exemples.

Multiplication.

Multiplicande ou 1er. facteur	4 7 2 5
Multiplicateur ou 2e. facteur	5 2 6

```
        2 8 3 5 0
        9 4 5 0
      1 4 1 7 5
```
Produit   1 5 4 0 3 5 0

```
1 5 4 0 3 5 0 | 4 7 2 5 premier facteur
1 4 1 7 5     |——————————
——————        5 2 6 deuxième facteur.
0 1 2 2 8 5
  9 4 5 0
————————
  2 8 3 5 0
  2 8 3 5 0
————————
  0 0 0 0 0
```

```
15 40 55 0  | 3 2 6 deuxième facteur
1 2 0 4     |————————————————————
————————    | 4 7 2 5 premier facteur
0 2 3 6 5
2 2 8 2
————————
  0 0 8 1 5
  6 5 2
  ————————
    1 6 5 0
    1 6 5 0
    ————————
    0 0 0 0
```

D. Que faut-il faire pour se familiariser avec la manière de faire la division ?

R. Pour se familiariser avec la manière de faire la division, il faut faire des multiplications de nombres entiers et de nombres décimaux, puis diviser le produit par le multiplicande pour retrouver le multiplicateur au quotient, ou bien diviser ce même produit par le multiplicateur pour retrouver le multiplicande.

Exemple sur des nombres entiers.

```
Multiplicande      1 2 5
Multiplicateur       7 5
                 —————————
                   6 2 5
                   8 7 5
                 —————————
Produit            9 3 7 5
```

```
Produit 9 3 7 5  | 1 2 5 Multiplicande
8 7 3            |————————————————————
————————         | 7 5 Multiplicateur retrouvé.
0 6 2 5
6 2 5
————————
0 0 0
```

```
Produit   9 5 7 5 | 7 5 Multiplicateur
            7 5   | 1 2 5 multiplicande retrouvé.
          -------
          1 8 7
          1 5 0
          -------
          0 5 7 5
            5 7 5
          -------
            0 0 0
```

Exemple sur des nombres décimaux.

```
Multiplicande     0,7 5
Multiplicateur    0,2 5
              ---------
                  5 7 5
                1 5 0
              ---------
                0,1 8 7 5
```

```
Produit  1 8,7 5 | 7 5       1 8,7 5 | 2 5
           5 7 5  | 0,2 5      1 2 5  | 0,7 5
             0 0  |              0 0  |
```

DIVISION DES NOMBRES RENFERMANT
DES ZÉROS.

D. Que faut-il faire lorsque le dividende et le diviseur sont terminés par des zéros ?

R. Lorsque le dividende et le diviseur sont terminés pardes zéros, on peut supprimer à la droite des deux nombres, le même nombre de zéros sans changer le quotient.

Exemple.

Combien aura-t-on d'hectares de terrain pour la somme de 50000 fr. , à 4000 fr. l'hectare ?

```
5 0  | 4
2 0  |‾‾‾‾‾
  0  | 7,5
```
R. On en aura 7 hectares ¹/₂ ou 7 hectares 50 ares.

D. Si le diviseur seul est suivi d'un ou de plusieurs zéros, que faut-il faire ?

R. Si le diviseur seul est suivi d'un ou plusieurs zéros, on divise d'abord par la partie significative du diviseur, ensuite on sépare au quotient, par une virgule, autant de chiffres décimaux qu'il y a de zéros à la suite du diviseur.

Exemple.

On a payé 2125 fr. pour la façon de 500 mètres carrés d'ouvrage. A combien revient le mètre carré ?

```
2 1 2 5  | 5
  1 2    |‾‾‾‾‾‾
    2 5  | 4,2 5
      0  |
```
R. Le mètre carré revient à 4 fr. 25.

D. Quand est-ce que le quotient est plus petit que le dividende ?

R. Le quotient est plus petit que le dividende quand le diviseur est plus grand que l'unité.

Exemple.

Combien aura-t-on de mètres de drap pour la somme de 2400 fr. à 25 fr. le mètre ?

```
2 4 0 0  | 2 5
  1 5 0  |‾‾‾‾‾
    0 0  | 9 6
```
R. On en aura 96 mètres.

D. Quand est-ce que le quotient est plus grand que le dividende ?

R. Le quotient est plus grand que le dividende quand le diviseur est plus petit que l'unité, ce qui arrive dans les fractions ordinaires et décimales.

Exemple.

Combien aura-t-on de litres de vin pour la somme de 28 fr. à 0 fr. 50 centimes litre ?

```
 2 8 0 0  | 5 0
   5 0 0  |------
   0 0    |  5 6      R. On en aura 56 litres.
```

QUOTIENTS ÉVALUÉS EN DÉCIMALES.

D. Lorsque le dividende est plus petit que le diviseur, que faut-il faire ?

R. Lorsque le dividende est plus petit que le diviseur, il faut placer d'abord au quotient un zéro suivi d'une virgule, pour exprimer qu'il n'y a pas d'entiers, puis réduire le dividende en dixièmes, en centièmes, en millièmes, etc., en ajoutant des zéros à sa droite, et diviser comme à l'ordinaire.

D. Lorsque après avoir abaissé tous les chiffres du dividende il y a un reste que faut-il faire ?

R. Lorsque après avoir abaissé tous les chiffres du dividende il y a un reste, il faut réduire ce reste en dixièmes, en écrivant un zéro à sa droite, et continuer la division après avoir posé une virgule au quotient ; s'il y a un second reste, il faut ajouter un nouveau zéro à sa droite, pour obtenir des centièmes, et continuer la division ; s'il y a un troisième reste, il faut encore ajouter un nouveau zéro à sa droite, pour obtenir des millièmes, et continuer la division, etc. De cette manière, on obtient une approximation aussi grande que l'on veut.

Exemples.

$$2 : 8 = 0,25 ; \quad 141 : 4 = 55,25.$$

Preuve

$$\begin{array}{r} 0,25 \\ \times \quad 8 \\ \hline 2,00 \end{array}$$

Preuve

$$\begin{array}{r} 55,25 \\ \times \quad 4 \\ \hline 141,00 \end{array}$$

PREUVE PAR 9 DE LA DIVISION.

D. Comment fait-on la preuve par 9 de la division?

R. Pour faire la preuve par 9 de la division, il faut additionner les chiffres du diviseur ; diviser la somme par 9 et écrire le reste de cette division ; faire de même pour le quotient ; multiplier ces deux restes entre eux ; opérer sur ce produit comme on a opéré sur le diviseur et sur le quotient ; ajouter le reste de la division, s'il y en a un ; diviser encore cette somme par 9, et le reste, si la division a été bien faite, égalera celui de la somme des chiffres du dividende aussi divisé par 9.

Exemple.

Somme des chiffres du diviseur 15 : 9 , reste 6

Somme des chiffres du quotient 17 : 9 , reste 8

$$\begin{array}{r} 6 \\ \times \quad 8 \\ \hline = 48 \end{array}$$

Produit de ces deux restes   48 : 9 , reste 3
Reste de la division   4 9
                          Total   5 2
                       5 2 : 9 , reste 7
Somme des chiffres du dividende 2 5 : 9 , reste égal 7

DIVISIONS ABRÉGÉES.

Pour diviser un nombre entier par 5, il faut doubler ce nombre et retrancher le dernier chiffre à droite qui représentera une décimale.

Exemple.

Combien aura-t-on de doubles-décalitres de blé pour la somme de 124735 fr. à 5 fr. le double?

```
  1 2 4 7 3 5        Division.
 ×       2          1 2 4 7 3 5 | 5
 2 4 9 4 7,0         2 4        | 2 4 9 4 7
                       4 7
                         2 5
   R. On en aura 24947 doubles,   3 5
                                     0
```

Pour diviser un nombre entier par 25, il faut multiplier ce nombre par 4 et retrancher deux chiffres vers la droite qui représenteront des décimales.

Exemple.

Combien aura-t-on d'hectolitres de blé pour la somme de 3125 fr. , à 25 fr. l'hectolitre?

Division.

$$\begin{array}{r} 3\ 1\ 2\ 5 \\ \times\quad 4 \\ \hline 1\ 2\ 5,0\ 0 \end{array}$$

$$\begin{array}{r|l} 3\ 1\ 2\ 5 & 2\ 5 \\ 0\ 6\ 2 & \overline{1\ 2\ 5} \\ 1\ 2\ 5 & \\ 0\ 0 & \end{array}$$

R. On en aura 125 hectolitres.

Pour diviser un nombre entier par 50, il faut multiplier ce nombre par 2, et retrancher deux chiffres vers la droite qui représenteront des décimales.

Exemple.

Cembien aura-t-on de sacs de farine pour la somme de 7500 fr., à 50 fr. le sac ?

Division.

$$\begin{array}{r} 7\ 5\ 0\ 0 \\ \times\quad 2 \\ \hline 1\ 5\ 0,0\ 0 \end{array}$$

$$\begin{array}{r|l} 7\ 5\ 0\ 0 & 5\ 0 \\ 2\ 5\ 0 & \overline{1\ 5\ 0} \\ 0\ 0\ 0 & \end{array}$$

Réponse on en aura 150 sacs.

Pour diviser un nombre entier par 200, il faut multiplier ce nombre par 5 et retrancher trois chiffres vers la droite.

1er. *Exemple.*

Combien aura-t-on de feuillettes d'eau-de-vie pour la somme de 5000 fr. à 200 fr. la feuillette ?

Division

$$\begin{array}{r} 5\ 0\ 0\ 0\ \text{fr.} \\ \times\quad 5 \\ \hline 2\ 5,0\ 0\ 0 \end{array}$$

$$\begin{array}{r|l} 5\ 0\ 0\ 0 & 2\ 0\ 0 \\ 1\ 0\ 0\ 0 & \overline{2\ 5} \\ 0\ 0\ 0 & \end{array}$$

Réponse. On en aura 25 feuillettes.

2°. *Exemple.*

Combien aura-t-on de pièces de vin pour la somme de 5100 fr., à 200 fr. la pièce ?

Division.

```
  5 1 0 0        5 1 0 0 | 2 0 0
×       5        1 1 0 0 |————————
————————         1 0 0 0 | 1 5 pièces 5
1 5,5 0 0          0 0 0
```

Réponse. On en aura 15 pièces $\frac{1}{2}$.

Pour diviser un nombre entier par 125, il faut multiplier ce nombre par 8 et retrancher au produit trois chiffres vers la droite qui représenteront des décimales.

Exemple.

Combien aura-t-on de pièces de vin pour la somme de 1875 fr., à 125 fr. la pièce ?

Division.

```
  1 8 7 5        1 8 7 5 | 1 2 5
×       8        0 6 2 5 |————————
————————           0 0 0 | 1 5 pièces
1 5,0 0 0
```

Réponse. On en aura 15 pièces.

Pour diviser un nombre entier accompagné de décimales par les nombres entiers 5 ; 25 ; 50 ; 200 ou 125, il faut multiplier chaque nombre par 2 ; par 4 ; par 5 ; ou par 8, et retrancher au produit, outre les chiffres que l'on doit pour les nombres entiers, les décimales qui se trouvent au multiplicande.

1er. *Exemple.*

Combien aura-t-on de mètres de drap pour la somme de 4587 fr. 50 , à 25 fr. le mètre ?

Division.

```
  4 5 8 7,5 0          4 5 8 7,5 0  | 2 5
  ×        4           1 8 8        |——————————
  ——————————           1 5 7       | 1 7 5 ᵐ 5 0
  1 7 5,5 0 0 0          1 2 5
                          0 0 0
```

Réponse. On en aura 175 mètres 50 centimètres.

2e. *Exemple.*

Combien aura-t-on d'hectolitres d'eau-de-vie pour la somme de 1595 fr. 75, à 125 fr. l'hectolitre ?

Division.

```
  1 5 9 5,7 5          1 5 9 5,7 5  | 1 2 5
  ×        8           0 3 4 5      |——————————
  ——————————           0 9 5 7      | 1 2,7 5
  1 2,7 5 0 0 0          0 6 2 5
                          0 0 0
```

Réponse. On en aura 12 hectolitres 75 centièmes, ou 12 hectolitres 75 litres.

———————

Pour diviser un nombre entier avec ou sans décimales par les décimales 0,5 ; 0,25 ; 0,50 ; 0,200 ; ou 0,125, il faut multiplier chaque nombre par 2 ; par 4 ; par 5 ; ou par 8, et retrancher au produit seulement les décimales qui se trouvent au multiplicande.

Il en est de même si le dividende et le diviseur sont des décimales.

1er. Exemple.

On a payé 122 fr. pour un certain nombre de mètres de ruban à 0 fr. 5 décimes le mètre ; combien en a-t-on eu de mètres ?

Division.

$$
\begin{array}{r}
1\,2\,2 \\
\times \quad 2 \\
\hline
2\,4\,4
\end{array}
\qquad
\begin{array}{l}
1\,2\,2\,0 \text{ dixièmes} \\
2\,2 \\
2\,0 \\
0
\end{array}
\ \bigg|\
\begin{array}{l}
5 \text{ dixièmes} \\
\hline
2\,4\,4
\end{array}
$$

Réponse. On en a eu 244 mètres.

2e. Exemple.

La surface d'un rouleau de papier à tapisser est de 4 mètres carrés 92 décimètres carrés 50 centimètres carrés. Sa largeur est de 0 m 5 décimètres ; quelle est sa longueur ?

Division.

$$
\begin{array}{r}
4,9\,2\,5\,0 \\
\times \quad 2 \\
\hline
9,8\,5\,0\,0
\end{array}
\qquad
\begin{array}{l}
4\,9,2\,5\,0 \\
4\,2 \\
2\,5 \\
0\,0
\end{array}
\ \bigg|\
\begin{array}{l}
5 \\
\hline
9,8\,5\,0
\end{array}
$$

Réponse. La longueur de ce rouleau de papier est de 9 mètres 85 centimètres.

3e. Exemple.

Combien aura-t-on de mètres de calicot pour la somme de 175 fr. à 0 fr. 50 centimes le mètre ?

Division.

$$
\begin{array}{r}
1\,7\,5 \\
\times \quad 2 \\
\hline
3\,5\,0
\end{array}
\qquad
\begin{array}{l}
1\,7\,5\,0\,0 \\
2\,5\,0 \\
0\,0\,0
\end{array}
\ \bigg|\
\begin{array}{l}
5\,0 \\
\hline
3\,5\,0
\end{array}
$$

Réponse. On en aura 350 mètres.

4e. *Exemple.*

Combien aura-t on de mètres de ruban pour la somme de 31 fr. 43 centimes $^3/_4$ à 0 fr. 25 centimes le mètre ?

Division.

```
   31,4375          314375 | 2500
 ×      4           06457  |──────────
───────────          14375 | 125m75
  125,7500           28750
                     12500
                     0000
```

Réponse. On en aura 125 mètres 75 centimètres.

5e. *Exemple.*

Combien y a-t-il de fois 0 kilogr. 200 grammes dans 35 kilogr. 700 grammes ?

Division.

```
   35,700        55700 grammes | 200 grammes
 ×     5         1570          |─────────────
───────────       1700         | 178,5
  178,500         1000
                   000
```

Réponse. Il y a 178 fois $^1/_2$.

6e. *Exemple.*

Combien aura-t-on de cahiers de papier à lettre pour la somme de 18 fr. 75 centimes à 12 centimes $^1/_2$ le cahier ?

Division.

```
   18,75         18750 millièmes | 125 millièmes
 ×     8         0625            |──────────────
───────────      0000            | 150
  150,00
```

Réponse. On en aura 150 cahiers.

7ᵉ. *Exemple.*

Combien aura-t-on d'objets pour la somme de 87 centimes $\frac{1}{2}$, à 12 centimes $\frac{1}{2}$ l'objet ?

Division.

```
0 fr. 8 7 5      8 7 0 millièmes | 1 2 5 millièmes
    ×   8        0 0 0           | 7
   7,0 0 0
```

Réponse. On en aura 7.

Pour diviser un nombre entier accompagné de décimales, par un nombre entier accompagné de décimales, il faut multiplier ce nombre par 2 ; par 4 ; par 5 ; ou par 8, et retrancher au produit vers la droite, le même nombre de chiffres que pour les nombres entiers.

Exemple.

Combien aura-t-on de litres d'eau-de-vie pour la somme de 1595 fr. 75 à 1 fr. 25 le litre ?

Division.

```
  1 5 9 5,7 5      1 5 9 5 7 5 | 1 2 5
    ×       8      0 3 4 5     | 1 2 7 5
  1 2 7 5,0 0 0    0 9 5 7
                   0 6 2 5
                   0 0 0
```

Réponse. On en aura 1275 litres.

D. Comment se font les divisions à un chiffre?

R. Les divisions à un chiffre se font de mémoire quand on a la pratique de la division.

Ainsi : pour diviser 53.630 par 2, j'en prends la moitié et j'ai 26,815.

Pour diviser 40.692 par 3, j'en prends le tiers qui est de 13.564.

Pour diviser 145.036 par 4, j'en prends le quart et j'ai 36.259.

Pour diviser 603.725 par 5, j'en prends le cinquième qui est de 120.745.

Pour diviser 315.942 par 6, j'en prends le sixième et j'ai 52.657.

Pour diviser 316.715 par 7, j'en prends le septième qui est de 45.245.

Pour diviser 324.816 par 8, j'en prends le huitième et j'ai 40.602.

Pour diviser 25.006.725 par 9, j'en prends le neuvième qui est de 2.778.525.

D. Que faut-il faire pour éviter des tâtonnements dans la division?

R. Pour éviter des tâtonnements dans la division, et afin de trouver plus facilement le véritable chiffre du quotient, il faut, chaque fois que le second chiffre du diviseur est plus fort que 5, augmenter par la pensée, le premier d'une unité.

Exemple.

```
Dividende  1 5 4 0 5.5 0 | 4 7 2 5 diviseur
           0 1 2 2 8 5   |-----------
             2 8 3 5 0   | 3 2 6 quotient
             0.0 0 0
```

Ainsi dans cette opération au lieu de dire en 15 combien de fois 4, je dis : en 15 combien de fois 3, il y est 5 fois ; au lieu de dire en 12 combien de fois 4, je dis : en 12 combien de fois 5, il y est 2 fois ; et au lieu de dire en 28 combien de fois 4, je dis : en 28 combien de fois 5, il y est 6 fois.

Cinq canonniers, cinq dragons, cinq grenadiers et quinze soldats de différents corps sont pris à la maraude. Le général décide que quinze seront fusiliés et enjoint au major de faire mettre ces 50 hommes sur une même ligne dans l'ordre qu'il voudra, et qu'ensuite, commençant par la gauche, on les compterait de suite ; que le neuvième serait fusilié, et que, lorsqu'on serait à la fin de la ligne, on reviendrait par la gauche, chacun restant à son poste, jusqu'à ce que la ligne soit réduite à 15 hommes qui auraient leur grâce.

Dans quel ordre faut-il que ces hommes soient placés, pour que les canonniers, les dragons et les grenadiers soient sauvés ?

Opération.

Canon.	soldats.	gre.	s	drag.	s.	ca.	sol.	drag.	sol.	gre.	sol.	grc.	s

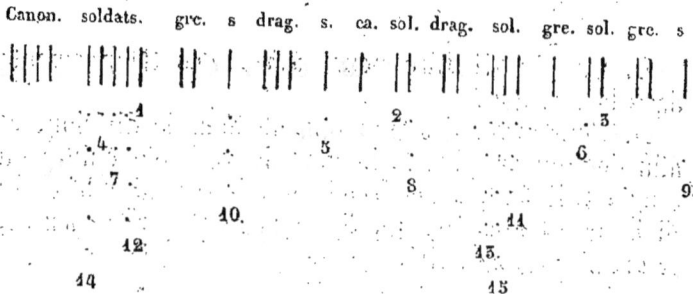

Réponse. Il faut que ces 50 hommes soient placés ainsi qu'il suit :

4 canonniers l'un à côté de l'autre, 5 soldats, 2 grenadiers, 1 soldat, 3 dragons, 1 soldat, 1 canonnier, 2 soldats, 2 dragons, 5 soldats, 1 grenadier, 2 soldats, 2 grenadiers et 1 soldat.

LE LOUP, LA CHÈVRE ET LE CHOU.

On amène sur le bord d'une rivière un loup, une chèvre et un chou, pour qu'un batelier les passe seuls, l'un après l'autre, de manière qu'en son absence le loup ne fasse aucun mal à la chèvre, et que la chèvre ne touche point au chou. Comment devra-t-il les passer ?

Solution

Le batelier devra commencer par passer la chèvre, puis il retournera pour prendre le loup qu'il passera : il ramènera la chèvre qu'il laissera à terre, pour passer le chou du côté du loup ; enfin, il retournera prendre la chèvre, et la passera : par ce moyen le loup ne se trouvera point avec la chèvre, ni la chèvre avec le chou, qu'en sa présence.

LES FUGITIFS.

Le roi de pique, le roi de trèfle et le roi de cœur, accompagnés de leurs dames, désertèrent d'un jeu de piquet ; ils marchaient par des chemins détournés de peur de tomber entre les mains de la gendarmerie du roi de carreau qui les faisait poursuivre. Ces trois malheureux princes se virent surpris par la nuit au bord d'une rivière qui bornait les états de leur ennemi ; ils n'avaient rien de plus urgent que de la traverser. Le hasard fit trouver là une nacelle qui ne pouvait contenir que deux personnes au plus : il n'y avait pas de batelier, mais des rois détrônés n'y regardent pas de si près, et se servent eux-mêmes ; les reines même, en pareil cas, ne craignent pas de manier la rame. Rien ne

s'opposait plus au salut de nos trois couples, quand la
jalousie vint s'emparer du cœur des monarques. La nuit
était fort obscure, aucun d'eux ne voulait souffrir que sa
femme se trouvât sans lui avec ses confrères ; les malheureux sont si prompts à saisir une consolation ! Il res-
tèrent assez longtemps à trouver un expédient pour passer l'eau tous les six, sans qu'aucun des maris eût lieu
de craindre que sa couronne ne fût remplacée sur
son front par une autre espèce d'ornement. Quel était
cet expédient ?

Solution.

Le roi et la reine de trèfle passent l'eau. Le roi de
trèfle laisse sa dame à l'autre bord, ramène la nacelle et
revient au point de départ. Les dames de pique et de
cœur passent l'eau, et vont rejoindre la dame de trèfle.
Dès qu'elles sont sorties de la barque, la dame de trèfle
y rentre, la ramène et revient au point de départ trouver son mari. Les rois de pique et de cœur passent
l'eau et vont rejoindre leurs dames à l'autre bord. Le
roi et la dame de pique rentrent dans la nacelle, la ramène et reviennent au point de départ. Le roi de pique
et le roi de trèfle passent l'eau et débarquent à l'autre
bord. La reine de cœur ramène la nacelle et revient au
point de départ. Les dames de trèfle et de pique passent
l'eau et débarquent à l'autre bord. Le roi de cœur ramène la nacelle et revient au point de départ. Le roi
et la dame de cœur passent l'eau, et ils se trouvent
ainsi tous les six à l'autre bord.

Une personne voulant faire l'aumône à treize pauvres,
n'a que douze francs, et veut en donner un à chacun,
excepté à l'un d'entre eux qui est en état de travailler ;
mais elle voudrait qu'il lui semblât que le hasard est
cause qu'il n'a rien eu.

Où faudra-t-il faire placer ce pauvre ?

Solution.

Pour faire cette opération il faut placer les treize pauvres comme on le voit à l'exemple qui suit, puis les
compter depuis 1 jusqu'à 9. Ensuite recommencer à
compter par 1 toujours sur le chiffre qui forme le nombre 9, et lorsqu'il ne reste plus que 7, ou 6, ou 5, ou
4, ou 3, ou 2 pauvres qui ne sont pas marqués, il faut
les compter autant de fois qu'il est nécessaire pour
arriver au nombre 9, et le marquer. Celui qui restera
seul sera le pauvre en état de travailler et qui par conséquent n'aura rien. Ici on voit que c'est le premier.

Exemple.

0 0 0 0 0 0 0 0 0 0 0 0 0 pauvres.

10 9 2 12 6 5 7 1 4 11 8 3

Réponse. Il faudra faire placer ce pauvre le premier.

Trente soldats et dix caporaux ayant été marauder.
le capitaine dit que pour montrer exemple, il allait faire
fusilier un quart de ces quarante hommes. Il les fait ranger
de suite, et en comptant de 12 en 12, le douzième doit être
fusilié, en recommençant à compter le premier du rang
quand il est fini. Il se trouve qu'après avoir ôté dix
hommes, les trente soldats sont restés. Comment a-t-il
disposé les quarante hommes pour sauver les soldats ?

Opération.

soldats.	cap.	sol.	cap.	soldats	cap. s.	e.	soldats.	cap. s.	cap. sol.

‖‖‖‖ ‖‖ ‖‖ ‖‖ ‖‖‖‖‖‖‖‖ ‖‖ ‖ ‖‖‖‖‖‖‖‖‖ ‖ ‖‖ ‖‖‖‖‖ ‖‖‖

4 . 4 . . . 8 . 5 . 9 . 6 . 9 . 5

7

40

Réponse. Ce capitaine a fait placer 6 soldats l'un à côté de l'autre, 2 caporaux, 2 soldats, 2 caporaux, 8 soldats, 2 capo- raux, 1 soldat, 1 caporal, 9 soldats, 1 caporal, 1 soldat, 2 capo- raux, et 5 soldats.

PROGRESSION GÉOMÉTRIQUE.

Je désirerais avoir seulement pendant un mois, 1 centime le premier jour, 2 centimes le second, 4 centimes le 3e, 8 centi- mes le 4e, et ainsi de suite en doublant toujours le nombre des centimes jusqu'au dernier jour. Combien aurais-je?

Opération.

1er jour	1 centime.
2e	2 centimes
3e	4
4e	8
5e	16
6e	32
7e	64
8e	128
9e	256
10e	512
11e	1024
12e	2048
13e	4096
14e	8192
15e	16384
16e	32768
17e	65536
18e	131072
19e	262144
20e	524288
21e	1048576
22e	2097152
23e	4194304
24e	8388608
25e	16777216
26e	33554432
27e	67108864
28e	134217728
29e	268435456
30e	536870912
Total	1073741823 centimes

Réponse. Vous auriez 1.073.744.823 centimes, ou
10.757.418 fr. 23 centimes.

Un triangle a ses trois angles égaux. Quelle est la valeur de chacun de ces angles en degrés ?

1 8 0 degrés | 3 angles
0 0 | 6 0 degrés

Réponse. La valeur de chacun de ces angles est de 60 degrés.

Tout nombre divisé par 10 c'est retrancher un chiffre vers la droite; par 100, deux ; par 1000, trois ; par 10.000, quatre ; par 100.000, cinq ; par 1.000.000, six, etc.

Exemples.

On a 80 fr. à distribuer à 10 personnes ; combien chacune aura-t-elle ? (8,0)

R. Chaque personne aura 8 fr.

On a 125 fr. à distribuer à 10 personnes ; combien auront-elle chacune? (12,5)

R. Elles auront chacune 12 fr. 5 décimes ou 12 fr. 50 centimes.

10 personnes ont la somme de 245 fr. 75 centimes à partager entre elles ; combien auront-elles chacune? (24,575)

R. Elles auront chacune 24 fr. 57 centimes $\frac{1}{2}$.

100 pommes coûtent 1 fr. 25 ; à combien revient la pomme ? (0,0125).

R. La pomme revient à 1 centime et 25 centièmes de centime ou à 1 centime et un quart.

100 kilog. de viande coûtent 125 fr. ; à combien revient le kilogr. ? (1,25)

R. Le kilogr. revient à 1 fr. 25.

Un hectolitre ou 100 litres de vin coûte 55 fr. ; a combien revient le litre ? (0,55).

R. Il revient à 0 fr. 55 centimes.

100 kilogr. de sucre coûtent 150 fr. ; à combien revient le kilogr. ? (1,50).

R. Il revient à 1 fr. 50.

100 kilogr. de blé coûtent 34 fr. 50 ; à combien revient le kilogr. (0,3450).

R. Il revient à 34 centimes $^1/_2$.

100 kilogr. de farine coûtent 48 fr. ; à combien revient le kilogr. ? (0,48).

R. Il revient à 0 fr. 48 centimes.

100 kilogr. de café coûtent 175 fr. ; à combien revient le kilogr. ? (1,75).

R. Il revient à 1 fr. 75.

100 kilogr. de pain coûtent 58 fr. ; à combien est-ce le kilogr. ? (0,58).

R. C'est à 58 centimes.

10 hectogrammes ou 1 kilogramme de tabac coûtent 10 fr. ; à combien est-ce l'hectogr. (1,0).

R. C'est à 1 fr.

100 ares de terrain coûtent 1575 fr. ; à combien revient l'are ? (15,75).

R. Il revient à 15 fr. 75 centimes.

1000 tuiles coûtent 25 fr. ; à combien revient la tuile ? (0,025).

R. Elle revient à 0 fr. 025 millièmes de franc, ou à 2 centimes et demi.

Un millier de briques coûte 52 fr. 50 ; à combien revient chaque brique ? (0,05250).

R. Chaque brique revient à 0 fr. 05250 cent-millièmes de franc, ou à 5 centimes $^1/_4$.

1000 échalas coûtent 22 fr. ; à combien revient chaque échalas ? (0,022).

R. Il revient à 2 centimes et 2 dixièmes de centime.

100 kilogr. de fer coûtent 35 fr. ; à combien est-ce le kilogr. ? (0,35).

R. C'est à 55 centimes le kilogramme.

10,000 bouchons coûtent 90 fr. ; à combien revient le bouchon, le cent et le mille ? (0,0090 ; 0,90 ; 9,0).

R. Le bouchon revient à 0 fr. 009 millièmes, presqu'à un centime ; le cent à 0 fr. 90 centimes ; et le mille à 9 fr.

100 kilogr. de fonte coûtent 50 fr. ; à combien est-ce le kilogr. ? (0,50).

R. C'est à 50 centimes.

On paie 12 fr. pour faire abattre 100 arbres ; combien est-ce pour chacun ? (0,12).

R. C'est 12 centimes.

Le kilogr. de sucre coûte 1 fr. 40 ; à combien est-ce l'hectogr., le décagr. et le gramme ? (0,14 ; 0,014 ; 0,0014).

R. C'est à 14 centimes l'hectogramme ; à 14 millièmes ou 1 centime 4 dixièmes le décagramme ; et a 0,0014 dix-millièmes ou 1 dixième de centime et 4 dixièmes de centime le gramme.

Le kilogr. de café coûte 4 fr. ; à combien est-ce l'hectogr. ; le décagr. et le gramme ? (0,4 ; 0,04 ; 0,004).

R. C'est à 4 décimes ou 40 centimes l'hectogr. ; à 4 centimes le décagr. ; et à 4 millièmes ou 4 dixièmes de centime le gramme.

10,000 mètres d'étoffe coûtent 7500 fr. ; à combien revient le mètre ? (0,7500).

R. Le mètre revient à 75 centimes.

On a distribué une somme de 5000 fr. à 100,000 soldats ; combien chacun a-t-il reçu ? (0,05000).

R. Chaque soldat a reçu 5 centimes.

On a payé 400,000 fr. pour 1.000.000 de kilogr. de fer ; à combien revient le kilogr. ? (0,400000).

R. Il revient à 40 centimes.

Les deux nombres 216 et 56 sont le dividende et le diviseur ; quel est le quotient ?

```
2 1 6 dividende  | 3 6  diviseur
0 0 0            | ‾‾‾‾‾‾‾‾‾‾‾‾‾‾
                 | 6 quotient.
```

R. Le quotient est 6.

Le dividende est 3480 et le quotient 435 ; quel est le diviseur ?

```
3 4 8 0  | 4 3 5          Preuve.
0 0 0    | ‾‾‾‾‾
         |  8          3 4 8 0  | 8
                           2 8  | ‾‾‾‾‾‾‾‾‾‾‾‾
R. Le diviseur est 8.       4 0 | 4 3 5 quotient
                              0
```

34 centimètres de drap coûtent 6 fr. 80 ; combien coûte le mètre ?

```
6 8 0 centièmes  | 3 4 centièmes
0 0 0            | ‾‾‾‾‾‾‾‾‾‾‾‾‾‾
                 | 2 0 fr.
```

R. Le mètre coûte 20 fr.

Si l'on ajoute 2 à 8, par quel nombre 8 se trouvera-t-il multiplié ?

```
1re.     8       2e.    1 0  | 8
       + 2              2 0  | ‾‾‾‾‾‾
       ‾‾‾               4 0 | 1,2 5
        1 0               0
```

R. Par le nombre 1,25.

Si l'on retranche 2 de 8, par quel nombre 8 se trouvera-t-il multiplié ?

1re. De	8		2e.	6,0	8
Otez	2			4 0	0,7 5
Resté	6			0	

R. Par le nombre 0,75 centièmes.

LES GRACES ET LES MUSES.

Les trois Grâces, portant des oranges, dont elles ont chacune un nombre égal sont rencontrées par les neuf Muses, qui leur en demandent. Elles leur en donnent chacune le même nombre. Après cela, chaque Muse et chaque Grâce se trouvent également partagées. Combien chacune des trois Grâces avait-elle d'oranges ?

Opérations.

1re. 1 2 oranges.
× 3 Grâces.
= 3 6 oranges.

2e. Chaque Grâce donne 1 orange à chaque Muse, ce qui fait 3 oranges pour chaque Muse.

3e. 9 Muses.
× 3 oranges.
= 2 7 oranges.

4e. De 36 oranges qu'avaient les 3 Grâces ; ôtez 27 oranges de 9 Muses, il reste 9 oranges.

De	3 6 oranges
Otez	2 7
Reste	0 9 oranges.

3ᵉ· 9 oranges divisées par portions égales aux 3 Grâces, il vient pour réponse 3 oranges qui est le même nombre que chaque Muse a reçu. Donc chaque Muse et chaque Grâce se trouvent également partagées, puisqu'elles ont chacune 3 oranges.

9 oranges.	3 Grâces.
0.	3 oranges.

R. Chacune des trois Grâces avait 12 oranges.

————

D. Qu'étaient-ce que les Grâces ?
R. Les Grâces étaient les filles de Jupiter et de Vénus.
D. Combien étaient-elles ?
R. Elles étaient trois, savoir : Euphrosine, Thalie et Aglaïa.
Vénus les avait toujours à sa suite. Elles avaient un air riant, et leurs mains entrelacées les unes dans les autres. Elles étaient compagnes des Muses.
D. Qu'était-ce que Jupiter ?
R. Jupiter était le maître du Ciel et de la Terre et le plus puissant des dieux.
D. Qu'était-ce que Vénus ?
R. Vénus était la déesse de l'amour.
D. Qu'étaient-ce que les Muses ?
R. Les Muses étaient les déesses des sciences et des arts. Elles étaient filles de Jupiter et de Mnémosyne.
D. Combien étaient-elles ?
R. Elles étaient neuf, savoir : Clio, Melpomène, Thalie, Euterpe, Terpsichore, Erato, Calliope, Uranie, et Polymnie.
D. Qu'était-ce que Mnémosyne ?
R. Mnémosyne était la déesse de la mémoire.

Voulez-vous bien me partager 3 fr. 61 centimes entre autant de personnes qu'elles auront de pièces de monnaie, et me dire combien il y aura de personnes et combien chacune aura de pièces.

Opération.

Carré 3.61 centimes | 19 racine carrée
1 | 1   29

   2 6.1   × 1   × 9
   2 6 1   = 1   2 6 1
   0 0 0

Pour faire cette opération j'extrais la racine carrée de 561 centimes.

Pour ce, je commence à écrire 361 centimes que je sépare en tranches de deux chiffres et je dis : le plus grand carré contenu dans 3 est 1, dont la racine est 1, je pose 1 à la racine et 1 au quotient, je carre 1, il vient 1 que je retranche de 3, et il reste 2 que j'écris au-dessous. A la droite de ce reste j'abaisse la tranche suivante 61, et je sépare un chiffre à la droite de cette tranche. Ensuite je double la racine 1 ce qui donne 2, que j'écris au quotient, je divise 26 par 2 en disant : en 26 combien y a-t-il de fois 2, je trouve qu'il y est 9 fois. Alors j'écris 9 à la droite de la racine et du diviseur 2 ce qui me fait 29 ; puis je multiplie ces 29 par 9, ce qui me donne un produit de 261 que je retranche de 261, et il reste 0. Donc la racine cherchée est 19.

R. Il y aura 19 personnes qui auront chacune 19 pièces de 1 centime.

Preuve.

     1 9 personnes   R. 361 centimes ou 3 fr. 61
× 1 9 pièces   centimes comme à la ques-
   1 7 1   tion.
   1 9
  = 3 6 1

Un boucher donne 20 francs à son fils pour aller au marché et lui dit qu'il faut qu'il lui ramène 20 bêtes, savoir : des vaches à 4 francs, des veaux à 50 centimes et des moutons à 25 centimes. Combien devra-t-il ramener de chaque sorte de bêtes ?

Opérations.

3 vaches à 4 francs font	1 2 fr. 0 0 centimes
15 veaux à 50 centimes font	7 , 5 0
2 moutons à 25 cent. font	0 , 5 0

20 bêtes.   Total   20 fr. 0 0 centimes.

R. Il devra ramener 3 vaches, 15 veaux et 2 moutons.

Un boucher donne 100 francs à son fils pour aller au marché et lui dit qu'il faut qu'il lui ramène 100 bêtes, savoir : des bœufs à 5 francs, des veaux à 1 franc, et des moutons à 5 centimes. Combien faut-il qu'il ramène de chaque sorte de bêtes ?

Opération.

19 bœufs à 5 francs font	9 5 fr.
1 veau à 1 fr. fait	1
80 moutons à 5 cent. font	4

100 bêtes.   Total   1 0 0 fr.

R. Il faut qu'il ramène 19 bœufs, 1 veau et 80 moutons.

— 128 —

Je prends 20 personnes à journée, je donne 1 centime aux enfants, 3 centimes aux femmes et 15 centimes aux hommes. Combien ai-je de chaque qualité de personnes, sachant que je ne donne que 1 franc pour tout ?

Opération.

10 enfants à 1 centime font 0 fr. 10
 5 femmes à 3 centimes font 0 , 15
 5 hommes à 15 centimes font 0 , 75
_____
20 personnes   Total   1 fr. 00

R. Vous avez 10 enfants, 5 femmes et 5 hommes.

_____

3 fois 2 font		15
3	4	2
2	9	28
4	7	10
6	5	9
et 9	3	75

Combien fait le tout ?

La personne à laquelle on posera ce problème ne pourra jamais le résoudre, car n'importe quel nombre qu'elle répondra, ce ne sera jamais celui-là.

La réponse réelle est celle-ci : Ce n'est pas le tout ou total de l'opération qui ne fait que 4, mais bien le mot *tout* qui n'est composé que de 4 lettres.

_____

2 fois 9 font		4
6	2	80
8	1	45
3	7	2
9	4	19
5	6	7
et 7	3	60

Combien fait le total ?

La personne à laquelle on posera ce problème ne pourra jamais le résoudre, car n'importe quel nombre qu'elle répondra, ce ne sera jamais celui-là.

La réponse réelle est celle-ci : Ce n'est pas le total de l'opération qui ne fait que 5, mais bien le mot *total* qui n'est composé que de 5 lettres.

Dix-sept personnes, hommes, femmes et enfants, voyageaient un jour d'été ; la chaleur ayant tari les sources, ils étaient dévorés d'une soif brûlante. Un pommier s'offre à leurs yeux, il portait 17 pommes : Les hommes en eurent chacun 3 ; les femmes chacune une moitié et les enfants chacun un quartier. On demande combien il y avait d'hommes, combien de femmes et combien d'enfants ?

Solution. 4 hommes ayant chacun 3 pommes font 12 pommes. 7 femmes ayant chacune la moitié d'une pomme font sept demi-pommes ou trois pommes et demie.

6 enfants ayant chacun un quartier font six quartiers de pomme ou une pomme et demie.

Opération.

Pour	4	hommes	12	pommes
Pour	7	femmes	3	id $\frac{1}{2}$
Pour	6	enfants	1	id $\frac{1}{2}$

Total   17 personnes 17 pommes.

R. Il y avait 4 hommes, 7 femmes et 6 enfants.

MULTIPLICATIONS TRÈS-INTÉRESSANTES.

Multiplicande invariable 12345679.

Dites à une personne : quels sont les chiffres que vous voulez que je trouve au produit d'une multiplication ? Voulez-vous que je ne trouve que des 1, ou des 2, ou des 3, ou des 4, ou des 5, ou des 6, ou des 7, ou des 8, ou des 9 ?

Alors supposons que la personne vous réponde, Je veux que vous ne trouviez que des 5.

Pour faire cette opération il faut multiplier premièrement ce chiffre 5 par 9, ce qui fera 27 ; ce sera le multiplicateur. Ensuite multiplier 12345679 (Multiplicande invariable) par 27 et vous aurez 555555555 au produit.

Opérations.

$$
\begin{array}{ll}
1^{re}. & 5 \\
\times & 9 \\
\hline
= & 27
\end{array}
\qquad
\begin{array}{r}
2^{e}. \quad 12345679 \\
\times \qquad\qquad 27 \\
\hline
86419753 \\
24691358 \\
\hline
555555555
\end{array}
$$

Nota. Il faut faire bien attention que le multiplicande soit toujours 12345679. Puis si l'on ne demande au produit que des 1 il faudra multiplier 1 par 9 qui formera le multiplicateur, et ensuite multiplier le multiplicande invariable par ce nombre.

Si l'on ne demande que des 2 il faudra multiplier 2 par 9 ce qui fera 18 pour multiplicateur, et ensuite multiplier le multiplicande invariable par ce nombre.

Pour les autres nombres 3,4,5,6,7,8 et 9, il faudra toujours également les multiplier par le même nombre 9, ensuite multiplier le nombre invariable par le produit du chiffre demandé par 9, et on obtiendra la réponse à la question.

1re. *Exemple.*

Un multiplicateur est composé seulement de deux chiffres. Trouvez-moi un multiplicande qui donne par ces deux chiffres un produit de 666666666.

Opérations.

1re.

$$\begin{array}{r} 6 \\ \times \quad 9 \\ \hline = \quad 54 \end{array}$$

2e.

$$\begin{array}{r} 12345679 \\ \times \qquad 54 \\ \hline 49382716 \\ 61728395 \\ \hline 666666666 \end{array}$$

R. Ce multiplicande est 12345679.

2e. *Exemple.*

Le produit d'une multiplication est 888888888.
Trouvez-moi le multiplicande composé de huit chiffres et le multiplicateur de deux qui ont donné ce produit.

1re.

$$\begin{array}{r} 8 \\ \times \quad 9 \\ \hline = \quad 72 \end{array}$$

2e.

$$\begin{array}{r} 12345679 \\ \times \qquad 72 \\ \hline 24691358 \\ 86419755 \\ \hline 888888888 \end{array}$$

R. Le multiplicande est 12345679, et le multiplicateur 72.

3e. *Exemple.*

Un multiplicande est composé de huit chiffres. Quel est le multiplicateur composé seulement de deux chiffres qui donne pour produit 777777777.

Opérations.

1re.

$$\begin{array}{r} 7 \\ \times \quad 9 \\ \hline = \quad 63 \end{array}$$

2e.

$$\begin{array}{r} 12345679 \\ \times \qquad 63 \\ \hline 37037037 \\ 74074074 \\ \hline 777777777 \end{array}$$

R. Ce multiplicateur est 63.

On demande à un berger combien il a de moutons dans sa bergerie. Il répond qu'il en ignore le nombre ; mais qu'il sait qu'en les comptant deux à deux, il en reste un ; trois à trois, il en reste un ; quatre à quatre, il en reste un ; cinq à cinq, il en reste un ; six à six, il en reste un ; et qu'en les comptant sept à sept, il n'en reste point. Combien ce berger a-t-il de moutons dans sa bergerie ?

Opérations.

1re. $2 \times 3 \times 4 \times 5 \times 6 = 720$.

2e. 720 plus $1 = 721$.

$$
\begin{array}{r}
\times\ \ \begin{array}{r} 2 \\ 3 \end{array} \\
\hline
=\ \ 6 \\
\times\ \ 4 \\
\hline
=\ \ 2\,4 \\
\times\ \ 5 \\
\hline
=\ 1\,2\,0 \\
\times\ \ 6 \\
\hline
=\ 7\,2\,0 \\
\text{plus}\ \ 1 \\
\hline
=\ 7\,2\,1
\end{array}
$$

R. Ce berger a 721 moutons dans sa bergerie.

Preuve.

1re.
$$
\begin{array}{r|l}
\begin{array}{r} 7\,2\,1 \\ 1\,2 \\ 0\,1 \end{array} & \begin{array}{l} 2 \\ \hline 3\,6\,0 \end{array}
\end{array}
$$

2^{e}.
$$
\begin{array}{r|l}
\begin{array}{r} 7\,2\,1 \\ 1\,2 \\ 0\,1 \end{array} & \begin{array}{l} 3 \\ \hline 2\,4\,0 \end{array}
\end{array}
$$

3^{e}.
$$
\begin{array}{r|l}
\begin{array}{r} 7\,2\,1 \\ 3\,2 \\ 0\,1 \end{array} & \begin{array}{l} 4 \\ \hline 1\,8\,0 \end{array}
\end{array}
$$

4^{e}.
$$
\begin{array}{r|l}
\begin{array}{r} 7\,2\,1 \\ 2\,2 \\ 2\,1 \\ 1 \end{array} & \begin{array}{l} 5 \\ \hline 1\,4\,4 \end{array}
\end{array}
$$

5e.
$$
\begin{array}{r|l}
\begin{array}{r} 7\,2\,1 \\ 1\,2 \\ 0\,1 \end{array} & \begin{array}{l} 6 \\ \hline 1\,2\,0 \end{array}
\end{array}
$$

6e.
$$
\begin{array}{r|l}
\begin{array}{r} 7\,2\,1 \\ 0\,2\,1 \\ 0 \end{array} & \begin{array}{l} 7 \\ \hline 1\,0\,3 \end{array}
\end{array}
$$

Une mère de famille ayant trois filles les envoie au marché pour y vendre des pommes. Elle en donne 50 à l'aînée, 30 à la cadette et 10 à la plus jeune, et veut qu'elles les vendent toutes au même prix, qu'elles n'en rapportent point et qu'elles aient autant d'argent l'une que l'autre. Combien chacune a-t-elle donné de pommes pour la même somme, et combien ont-elles rapporté d'argent chacune ?

Solution.

1re. L'aînée ayant 50 pommes en vend 49 pour 35 centimes ce qui fait 7 pommes pour 5 centimes. Il lui en reste une qu'elle vend 15 centimes ; ce qui fait que ses 50 pommes sont vendues 50 centimes.

2e. La cadette en ayant 30, en vend 28 pour 20 centimes, ce qui fait également comme l'aînée 7 pommes pour 5 centimes. Il lui en reste 2 qu'elle vend 15 centimes pièce, ce qui fait qu'elles sont vendues chacune le même prix que la dernière de l'aînée et que le tout est vendu 50 centimes.

3e. La plus jeune en ayant 10, en vend 7 pour 5 centimes, ce qui fait le même nombre de pommes que chacune des deux autres et pour la même somme. Il lui en reste 3 qu'elle vend 15 centimes pièce, ce qui fait qu'elles sont vendues chacune le même prix que chacune des dernières de celles de l'aînée et de la cadette ; et le tout pour 50 centimes.

Opérations.

L'aînée a vendu

1°.	49 pommes à 7 pour 5 centimes fait	0 fr.35
2°.	1 id. pour 15 centimes fait	0 . 15
Total	50 pommes pour	0 fr.50

La cadette a vendu

1°.	28 pommes à 7 pour 5 centimes fait	0 fr. 20
2°.	2 id. à 15 centimes pièce fait	0 , 30
Total	30 pommes pour	0 fr. 50

La plus jeune a vendu

1°.	7 pommes pour 5 centimes fait	0 fL. 05
1°.	3 id. à 15 centimes l'une fait	0 , 45
Total	10 pommes pour	0 fr. 50

Réponse. Chaque fille a vendu 7 de ses premières pommes pour 5 centimes, chacune des autres pour 15 centimes, et le tout pour 50 centimes.

MÉTHODE POUR FAIRE LES DIFFÉRENTES OPÉRATIONS DE L'ARITHMÉTIQUE D'UNE MANIÈRE PARTICULIÈRE ET INCONNUE A TOUT AUTRE.

D. Quelle est la méthode pour faire les différentes opérations de l'arithmétique d'une manière particulière et inconnue à toute autre ?

R. Cette manière de compter consiste à se faire une arithmétique particulière avec des lettres, ou tels autres caractères que l'on veut.

Exemple.

b o n e f a c i u s

1 2 3 4 5 6 7 8 9 0

Ainsi pour écrire 11, je désigne ce nombre par bb ; 59 par f u ; 123 par b o n ; 14 par b e ; 24 par o e ; 59 par n u ; 50 par f s ; 68 par a i , etc.

ADDITION.

Je dois 245 fr. 50 à une personne, 74 fr. 25 à une autre et 7 fr. 75 à une troisième ; combien dois-je en tout ?

2 4 5,5 0	o e f, f s	R. Vous devez en tout
7 4,2 5	c e, o f	527 fr. 50. (n o c, f s)
7,7 5	c, c f	
5 2 7,5 0	n o c, f s	

SOUSTRACTION.

Une pièce de drap contenait 127 mètres 25 centimètres, on en a déjà vendu 59 mètres 75 centimètres ; combien en reste-t-il ?

De 1 2 7 , 2 5	b o c, o f	
Otez 5 9 , 7 5	— f u, c f	
Reste 6 7 , 5 0	= a c, f s	

R. Il en reste 67 mètres 50. (a c , f s).

MULTIPLICATION.

Que doit-on payer pour 68 kilogrammes 875 grammes de sucre, à 1 fr. 50 le kilogramme ?

6 8,8 7 5	a i, i c f
× 1,5 0	× b, f s
3 4 4 3 7 5 0	n e e u c f s
6 8 8 7 5	a i i c f
1 0 5,3 1 2 5 0	b s n,n b o f s

R. On doit payer 105 fr. 31 centimes. (b s n ,n b)

DIVISION.

75 personnes ont à partager entre elles la somme de 518 fr. 75; combien revient-il à chacune?

```
5 1 8,7 5 | 7 5        n b i,c f | c f
  4 8 7   |-------      b i c    |-------
        - | 4,2 5              - | e,o f
    5 7 5                 n c f
      0 0                     s s
```

R. Il revient 4 fr. 25 à chacune. (e,o f).

MÊME MÉTHODE EN EMPLOYANT D'AUTRES MOTS.

D. Un marchand désire trouver le moyen de marquer le prix de ses marchandises d une façon inconnue au public; comment y parviendra-t-il?

R. Il faut qu'il cherche un mot de 10 lettres différentes, comme *admoniteur, consulaire, pondichéry*, et qu'il remplace les chiffres par ces lettres.

Exemple.

p o n d i c h é r y

1 2 3 4 5 6 7 8 9 0

ADDITION

```
1 2 5 fr. 5 0        p o i fr. i y
  7 8  ,  5 5          h é  ,  n i
    9  ,  2 0          r    ,  o y
---------------       --------------
2 1 3  ,  0 5        o p n  ,  y i
```

SOUSTRACTION.

De	432 fr. 75	De	d n o fr. h i
Otez	307 , 25	Otez	n y h , o i
Reste	125 , 50	Reste	p o i , i y

MULTIPLICATION.

$$
\begin{array}{r}
3\,2 \\
\times\,4\,5 \\
\hline
4\,6\,0 \\
3\,2 \\
\hline
4\,8\,0
\end{array}
\qquad
\begin{array}{r}
n\;o \\
\times\;p\;i \\
\hline
p\;c\;y \\
n\;o \\
\hline
d\;é\;i
\end{array}
$$

DIVISION.

4 8 0	3 2
3 2	4 5
4 6 0	
4 6 0	

d é y	n o
n o	p i
p c y	
p c y	

STÉNÉGRAPHIE, OU ART D'ÉCRIRE SANS LETTRES.

a	b	c	d	e	f	g	h	i
j	k	l	m	n	o	p	q	r
s	t	u	v	x	y	z		

Exemple.

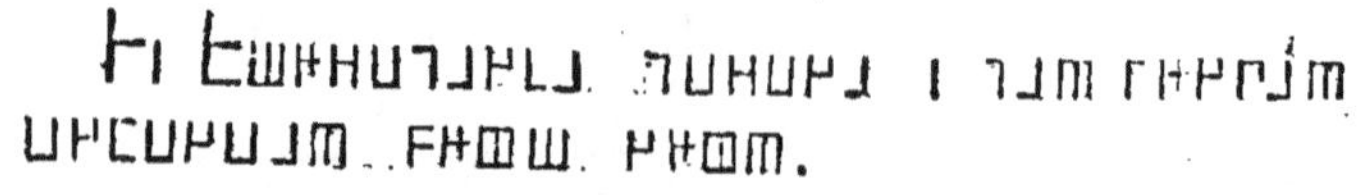

La Providence divine a des bontés infinies pour nous.

Un terrain s'est vendu à Paris 450 francs le mètre carré. A combien est-ce l'are et l'hectare ?

Un are vaut 100 mètres carrés. Un hectare vaut 10.000 mètres carrés.

45000 4500000

R. C'est à 45.000 francs l'are, et à 4.500.000 francs l'hectare.

STÉGANOGRAPHIE, OU ART D'ÉCRIRE EN CHIFFRES.

---

a , e , i , o , u , l , m , n , r.

1 , 2 , 3 , 4 , 5 , 6 , 7 , 8 , 9.

Voilà tout ce qu'il faut pour écrire en chiffres.

Quand une lettre n'a pas un chiffre pour la remplacer, on écrit la lettre même.

Exemple.

S3 T5 V25X P19T45T V5V92 28 P13X, 2C45T2, 92G19D2 2T T2 T13S.

Si tu veux partout vivre en paix, écoute, regarde et te tais.

Ma — pirs — vie

1000

Mille soupirs partagent ma vie.

---

0 0 0 0 0 0 0 0

J'ai couché sous des orangers.

100

J'ai traversé Paris sans danger.

<pre>
        I.   C.
    I.   E.   S.
        T.   L.
            E.
        C.   H.
    E.   M.   I.
        N.   D.
    E.   S.   A.
        N.   E.
            S.
</pre>

Ici est le chemin des ânes.

i , r , 7 p 8 è   ∞   o , R

g   2 matelas 9

Hier j'ai soupé entre 7 et 8, et j'ai couché sur deux matelas neufs, au grand air.

Quelle est la moitié du tiers de 24 francs ?

Opérations.

$1^{re}.$ $\dfrac{24}{2 \times 3}$ $2^e.$ $\begin{array}{r} 2 \\ \times\ 3 \\ \hline = 6 \end{array}$ $3^e.$ $\begin{array}{r|l} 24 & 6 \\ 0 & \overline{4} \end{array}$

R. La moitié du tiers de 24 francs est de 4 francs.

Quel est le tiers et demi de 10 ?

$1^{re}.$ $\begin{array}{r|l} 10 & 3 \\ 1 & \overline{3\ ^1/_3} \end{array}$ $2^e.$ $3\ ^1/_3 \times 1\ ^1/_2$

$3^e.$ $\begin{array}{r} 3\ ^1/_3 \\ \times\ 3 \\ \hline 9 \\ +\ 1 \\ \hline = 10/3 \end{array}$ $4^e.$ $\begin{array}{r} 1\ ^1/_2 \\ \times\ 2 \\ \hline 2 \\ +\ 1 \\ \hline = 3/2 \end{array}$ $5^e.$ $\dfrac{10 \times 3}{3 \times 2}$

$6^e.$ $\begin{array}{r} 10 \\ \times\ 3 \\ \hline 30/_6 \end{array}$ $7^e.$ $\begin{array}{r} 3 \\ \times\ 2 \\ \hline 6 \end{array}$ $8^e.$ $\begin{array}{r|l} 30 & 6 \\ 0 & \overline{5} \end{array}$

R. Le tiers et demi de 10 est de 5.

MÊME OPÉRATION ABRÉGÉE.

Un tiers et demi fait la moitié d'une chose.

Opérations.

1re. $\quad 10 \times \dfrac{1}{2} = \dfrac{10 \times 1}{2}$

2e.
$$\begin{array}{r} 10 \\ \times \quad 1 \\ \hline = \quad 10 \\ 0 \end{array} \quad \left| \begin{array}{l} 2 \\ \hline 5 \text{ comme ci-devant.} \end{array} \right.$$

Autre manière.

$$\dfrac{1}{2} = \dfrac{10}{5}$$

Quelle est la moitié des $\dfrac{3}{4}$ de 100 francs ?

Opérations.

1re. $\dfrac{1 \times 3 \times 100}{2 \times 4 \times 1}$

2e.
$$\begin{array}{r} 1 \\ \times \quad 3 \\ \hline 3 \\ \times \quad 100 \\ \hline 300/_8 \end{array}$$

3e.
$$\begin{array}{r} 2 \\ \times \quad 4 \\ \hline 8 \\ \times \quad 1 \\ \hline 8 \end{array}$$

4e.
$$\begin{array}{r} 300 \\ 60 \\ 40 \\ 00 \end{array} \quad \left| \begin{array}{l} 8 \\ \hline 37 \text{ fr. } 50 \end{array} \right.$$

R. La moitié des $\dfrac{3}{4}$ de 100 francs est de 37 francs 50 centimes.

Quels sont les $^2/_5$ des $^5/_4$ de 56 francs ?

Opérations.

1re. $\dfrac{2 \times 5 \times 56}{5 \times 4}$

2e. $\begin{array}{r} 2 \\ \times\ 5 \\ \hline 6 \\ \times\ 56 \\ \hline 56 \\ 50 \\ \hline 556 \end{array}$

5e. $\begin{array}{r} 5 \\ \times\ 4 \\ \hline 12 \end{array}$

4e. $\begin{array}{r} 5\,5\,6 \\ 0\,9\,6 \\ 0\,0 \end{array} \left| \begin{array}{l} 1\,2 \\ \hline 2\,8 \end{array} \right.$

R. Les $^2/_5$ des $^3/_4$ de 56 francs sont de 28 francs.

Une personne hérite du tiers de la moitié de 24000 francs; de combien hérite-t-elle ?

Opérations.

1re. $\dfrac{1 \times 1 \times 24000}{5 \times 2}$

2e. $\begin{array}{r} 24000 \\ 0000 \end{array} \left| \begin{array}{l} 6 \\ \hline 4000 \end{array} \right.$

R. Cette personne hérite de 4000 francs.

Un jour je vis une personne qui avait un certain nombre de pièces de 100 francs en or devant elle. Je lui demandai combien elle en avait. Elle me répondit : si j'en avais encore un tiers et un quart de ce que j'ai, et cinq de plus j'en aurais un cent. Combien en avait-elle ?

Solution.

$$\begin{array}{ll} & 6\,0 \text{ pièces} \\ ^1/_5 = & 2\,0 \\ ^1/_4 = & 1\,5 \\ \text{plus} & 5 \\ \hline & 1\,0\,0 \end{array}$$

R. Cette personne avait 60 pièces de 100 francs.

LA PAUVRE NIÈCE.

Trois oncles, assemblés pour favoriser l'établissement d'une pauvre nièce, forment une bourse commune de 144 pièces de 50 francs. Le premier donne ce qu'il peut, le deuxième donne le triple du premier, et le troisième autant que les deux autres.

Quel est le présent de chacun ?

Solution.

1 8 pièces mise du premier.
5 4 id. mise du deuxième.
7 2 id. mise du troisième.
_____
Total 1 4 4 pièces

R. Le présent du premier oncle est de 18 pièces ; celui du deuxième de 54 ; et celui du troisième de 72.

Quel est le nombre qui, étant augmenté de 85 et divisé par 9, donne 25 au quotient ?

Opérations.

1re. 2 5   2e. De   2 2 5
   × 9   Otez   8 5
   _____   _____
   2 2 5   Reste 1 4 0

R. Ce nombre est 140.

Preuve.

```
  1 4 0  | 9
+   8 5  |_____
= 2 2 5  2 5  comme on le demande.
    4 5
    0
```

Combien est-il dû à un ouvrier qui a fait 11 journées et 7 heures de travail, à 3 fr. 25 de la journée de 10 heures, ou de 0 fr. 32 centimes $\frac{1}{2}$ de l'heure ?

11 jours 7 dixièmes.
$\times$ 3 fr. 2 5

```
        5 8 5
      2 5 4
    5 5 1
    —————————
    5 8,0 2 5
```

R. Il lui est dû 38 fr. 02 $\frac{1}{2}$ centimes.

La roue d'une machine fait un tour en 8 heures. Combien de degrés parcourt en une heure chaque point de la circonférence de la roue ?

```
5 6 0°  | 8 heures
  4 0   | ————————
    0   |  4 5°
```

R. Chaque point de la circonférence de cette roue parcourt 45 degrés dans une heure.

Par quel nombre faut-il multiplier 0,035 pour avoir au produit 0,00000001225 cent-billionièmes ?

```
0,0 0 0 0 0 0 0 1 2 2 5 | 0,0 5 5
                1 7 5   | ———————————————
                  0 0   | 0,0 0 0 0 0 3 5
```

Ici après le 0 unité on laisse les trois premiers zéros de décimales qui sont pour égaler les trois du diviseur; et l'on ajoute après cela autant de zéros au quotient qu'il n'y va point de chiffres significatifs.

R. Par le nombre 0 unité 00000035 cent-billio-nièmes.

Preuve.

$$\begin{array}{r} 0{,}0\,3\,5 \\ \times\ \ 0{,}0\,0\,0\,0\,0\,0\,3\,5 \\ \hline 1\,7\,5 \\ 1\,0\,5 \\ \hline 0{,}0\,0\,0\,0\,0\,0\,1\,2\,2\,5 \end{array}$$

Quel est le quotient de 0,1 dixième divisé par 4000 unités ?

$$\begin{array}{r|l} 0{,}1\,0\,0\,0\,0 & 4\,0\,0\,0 \\ 2\,0\,0\,0\,0 & \overline{0{,}0\,0\,0\,0\,2\,5} \\ 0\,0\,0\,0 & \end{array}$$

R. Ce quotient est de 0 unité 000025 millionièmes

Preuve.

$$\begin{array}{r} 4\,0\,0\,0 \\ \times\ \ 0{,}0\,0\,0\,0\,2\,5 \\ \hline 2\,0\,0\,0\,0 \\ 8\,0\,0\,0 \\ \hline 0{,}1\,0\,0\,0\,0\,0 \end{array}$$

Quelle est la valeur cubique d'un tonneau qui a une capacité de 1242 litres 5 décilitres ?

R. 1 mètre cube 242 décimètres cubes 500 centimètres cubes.

En multipliant 198 par un nombre inconnu, le produit est 17226 ; quel est ce nombre ?

$$
\begin{array}{r|l}
1\,7\,2\,2\,6 & 1\,9\,8 \\
1\,5\,8\,6 & \overline{8\,7} \\
0\,0\,0 &
\end{array}
$$

R. Ce nombre est 87.

---

20 litres de blé coûtent 5 fr. 25 ; combien coûte l'hectolitre ?

$$
\begin{array}{r|l}
5\,2\,5 \text{ centièmes} & 2\,0 \text{ centièmes} \\
1\,2\,5 & \overline{2\,6 \text{ fr. } 2\,5} \\
0\,5\,0 & \\
1\,0\,0 & \\
0\,0 &
\end{array}
$$

R. L'hectolitre coûte 26 fr. 25 centimes.

Autre manière.

$$
\begin{array}{r}
5 \text{ fr. } 2\,5 \\
\times \quad 5 \text{ doubles} \\
\hline
= \quad 2\,6,2\,5
\end{array}
$$

comme ci-devant.

---

34 centimètres de drap coûtent 6 fr. 80 ; combien coûte le mètre ?

$$
\begin{array}{r|l}
6\,8\,0 \text{ centièmes.} & 3\,4 \text{ centièmes.} \\
0\,0\,0 & \overline{2\,0 \text{ fr.}}
\end{array}
$$

R. Le mètre coûte 20 fr.

25 fagots coûtent 1 fr. 87 centimes $^1/_2$; à combien revient le cent ?

1 8 7 5 millièmes	2 5 0 millièmes.
1 2 5 0	7 fr. 5 0
0 0 0 0	

R. Il revient à 7 fr. 50.

---

350 tuiles coûtent 8 fr, 75 , combien coûte le mille ?

8 7 5 0 millièmes	5 5 0 millièmes.
1 7 5 0	2 5 fr.
0 0 0	

R. Le mille coûte 25 fr.

Le nombre 0 unité 000025 millionièmes est le quotient de 0 unité 1 dixième , trouvez le diviseur ?

1 0 0 0 0 0 millionièmes	2 5 millionièmes.
0 0 0 0 0	4 0 0 0 unités.

R. Ce diviseur est 4000 unités.

Preuve.

$$\begin{array}{r} 0,0\,0\,0\,0\,2\,5 \\ \times \quad 4\,0\,0\,0 \text{ unités} \\ \hline 0,1\,0\,0\,0\,0\,0 \end{array}$$

J'ai acheté du blé à 5 fr., à 4 fr., et à 6 fr. le double-décalitre ; j'en ai eu autant d'une qualité que de l'autre, et j'ai dépensé 117 francs.

Combien en ai-je eu de doubles-décalitres de chaque sorte ?

Opérations.

1re.   5
           4
           6
      ═ 1 5 fr.

2e. 1 1 7 fr. | 1 5 fr.
        0 0 | 9 doubles

R. Vous en avez eu 9 doubles-décalitres de chaque sorte.

Preuve.

1re.   9 doubles
       à 5 fr.
   ═   2 7 fr.

2e.   9 doubles
       à 4 fr.
   ═   5 6 fr.

3e.   9 doubles
       à 6 fr.
   ═   5 4 fr.

4e.   2 7 fr.
       5 6
       5 4
   ═ 1 1 7 fr.

5/4 de viande coûtent 0 fr 52 centimes 1/2 ; à combien est-ce le kilogramme ?

5/4 de livre valent 575 grammes.

5 2 5 millièmes | 5 7 5 millièmes.
1 5 0 0 | 1 fr. 4 0
0 0 0 0 |

R. C'est à 1 fr. 40 le kilogramme.

Autre manière.

5 quarts : 0 fr. 5 2 5 :: 8 quarts : x

$$\begin{array}{r} \times \quad 8 \\ \hline 4{,}2\,0\,0 \end{array}$$

$$\begin{array}{r|l} 1\,2 & 5 \\ 0\,0 & \overline{1\ \text{fr. 40 comme}} \\ & \text{ci-devant.} \end{array}$$

Une livre et un quart de sucre coûtent 87 centimes $^1/_2$; à combien est-ce le kilogramme ?

$$\begin{array}{r|l} 8\,7\,5 & 6\,2\,5\ \text{grammes.} \\ 2\,5\,0\,0 & \overline{1\ \text{fr. 4 0}} \\ 0\,0\,0\,0 & \end{array}$$

R. C'est à 1 fr. 40 le kilogramme.

Autre manière.

5 quarts : 0,8 7 5 :: 8 quarts : x

$$\begin{array}{r} \times \quad 8 \\ \hline 7{,}0\,0\,0 \end{array}$$

$$\begin{array}{r|l} 2\,0 & 5 \\ 0\,0 & \overline{1\ \text{fr. 40 comme}} \\ & \text{ci-devant.} \end{array}$$

La somme en francs de deux nombres que j'ai est 80, le plus petit est 50 ; quelle somme aurais-je, en multipliant le produit de ces deux nombres par le carré de leur différence ?

Opérations.

1re	80	2e. De	80	5e.	50
×	50	Otez	50	×	50
= 2400		Reste	50	= 2500	

4e.   2400
×   2500

    120
    48

  6000000

R.   Vous auriez la somme de 6.000.000 de francs.

Combien doit-on payer pour 15 bouchons à 2 fr. 50 le %?

    2,50
  × 15

    1250
    250

  0,3750

R. On doit payer 58 centimes.

Une pièce de vin contenant 220 litres coûte 104 fr. 50 centimes. A combien revient le litre?

104,50	220
1650	0,475
1100	
000	

R. Le litre revient à 0 fr. 475 millièmes, ou à 47 centimes $1/12$.

Écrivez-moi un décimètre cube, un centimètre cube, un millimètre cube ?

0 mètre cube. 0,01 0,01 0,01.

———

La roue d'une Locomotive a 1 mètre 50 centimètres de diamètre ; combien faut-il qu'elle fasse de tours pour aller de Paris à Lyon, sachant qu'il y a une distance de 512 kilomètres entre ces deux villes ?

Opérations.

1re.   3,1 4 2 rapport.
    × 1,5
    ————————
    1 5 7 1 0
    3 1 4 2
    ————————
= 4,7 1 3 0 circonférence.

2e. 5 1 2 0 0 0 0 0 0 millimètres. | 4 7 1 3 millimètres.
    4 7 1 3 | ——————————
    ———————— | 1 0 8 6 3 5,6
    0 4 0 7 0 0
    3 7 7 0 4
    ————————
    0 2 9 9 6 0
    2 8 2 7 8   R. Il faut que cette roue fasse
    ————————   108635 tours 7 dixièmes.
    0 1 6 8 2 0
    1 4 1 3 9
    ————————
    0 2 6 8 1 0
    2 5 5 6 5
    ————————
    0 3 2 4 5 0
    2 8 2 7 8
    ————————
    0 4 1 7 2

La roue d'un omnibus de chemin de fer a 0 mètre 90 centimètres de diamètre ; combien faut-il qu'elle fasse de tours pour aller de Paris à Lyon, sachant qu'il y a une distance de 512 kilomètres ?

Opérations.

1°. 3,142 rapport.
× 0,9
= 2,8278 circonférence

2e. 5120000000 dix-millièmes | 28278 dix-millièmes
28278 | ‾‾‾‾‾‾‾‾
‾‾‾‾‾‾‾   181059
229220
226224
‾‾‾‾‾‾‾
0029960
28278
‾‾‾‾‾‾‾
0168200
144390
‾‾‾‾‾‾‾
0268100
254302
‾‾‾‾‾‾‾
013398

R. Il faut que cette roue fasse 181059 tours.

Nota. Pour avoir la circonférence d'un cercle dont on connaît le diamètre, il faut multiplier ce diamètre par 3,142, et le produit donnera la circonférence : et réciproquement, en divisant la circonférence par 3,142, on aura le diamètre au quotient.

La circonférence d'un cercle soit grand soit petit, a 3 fois et 142 millièmes de fois le diamètre.

J'ai donné le quart des pommes que j'avais à ma sœur, $2/5$ à mon frère, j'en ai mangé $1/6$, et il m'en reste 12. Combien en ai-je donné à ma sœur, combien à mon frère, combien en ai-je mangé, et combien en avais-je en tout?

Opérations.

1re.   6 0 D. C.   2e De   6 0

$1/4$ = 1 5   Otez   4 9

$2/5$ = 2 4   Reste $11/60$ qui valent

$1/6$ = 1 0   12 pommes.

Total   4 9

3e. Si $11/60$ égalent 12 pommes, combien égalera $1/60$?

4e $\dfrac{12 \times 1}{60}$ 5e $\begin{array}{r} 1 2 \\ \times \ 1 \end{array}$ | $\dfrac{6 0}{= {}^{12}/_{60}}$

= 1 2

6e. $12/60$ à diviser par $11/60$ 7e $\dfrac{1 2 \times 6 0}{6 0 \times 1 1}$

8e. $\begin{array}{r} 1 2 \\ \times \ 6 0 \\ \hline = 7 2 0 \end{array}$ 9e $\begin{array}{r} 6 0 \\ \times \ 1 1 \\ \hline 6 0 \\ 6 0 \\ \hline = 6 6 0 \end{array}$

10e 7 2 0 | $\dfrac{6 6 0}{1 \text{ pomme } {}^{6}/_{66}} = {}^{1}/_{11}$

Donc $1/60$ vaut 1 pomme $1/11$.

11e.   1 5 soixantièmes   12e. 1 5 | 1 1
$$\times \quad 1 \text{ pomme } {}^4/_{11}$$ 1 4 $^4/_{11}$
$$\overline{\quad\quad 1 5 \quad\quad}$$
$$^4/_{11} = \quad 1 \quad {}^4/_{11}$$
$$= 1 6 \quad {}^4/_{11}$$

13e.   2 4 soixantièmes
$$\times \quad 1 \text{ pomme } {}^4/_{11}$$ 14e. 2 4 | 1 1
$$\overline{\quad\quad 2 4 \quad\quad}$$ 2 | 2 $^2/_{11}$
$$^4/_{11} = \quad 2 \quad {}^2/_{11}$$
$$= 2 6 \quad {}^2/_{11}$$

15e.   1 0 soixantièmes
$$\times \quad 1 \text{ pomme } {}^4/_{11}$$ 16e. 1 0 | 1 1
$$\overline{\quad\quad 1 0 \quad\quad}$$ | = $^{10}/_{11}$
$$^4/_{11} = 0, {}^{(10}/_{11}$$
$$= 1 0 \quad {}^{10}/_{11}$$

17e.   sœur   1 6 pommes $^4/_{11}$
            frère   2 6 $^2/_{11}$
            mangé   1 0 $^{10}/_{11}$
            Reste   1 2
$$\overline{\quad\quad\quad\quad\quad\quad\quad\quad}$$
            Total   6 5 pommes $^5/_{11}$

Réponse. Vous avez donné 16 pommes $^4/_{11}$ à votre
sœur, 26 $^2/_{11}$ à votre frère, vous en avez mangé 10
$^{10}/_{11}$, et vous en aviez en tout 65 $^5/_{11}$.

Beaucoup de personnes sont souvent embarrassées
lorsqu'il s'agit de savoir ce qu'il y a à retenir dans
des colonnes très-longues d'additions.

Voici une manière bien simple pour ne jamais se tromper.

Je suppose que j'aie pour total d'une première colonne 127 ; pour total d'une seconde colonne 183 ; et pour total d'une troisième 225. Je ne fais que d'écrire 127 ; 183 ; et 225 sur un morceau de papier, et séparant par une virgule le premier chiffre à droite de chaque nombre, je vois que j'ai 12 à retenir pour la première colonne ; 18 pour la seconde ; et 22 pour la troisième.

Exemple.

12,7 ; 18,5 ; 22,5.

Une imposition extraordinaire de 800 francs est mise sur une commune dont les contributions s'élèvent à 57854 francs ; combien paiera-t-on par franc ?

```
8 0 0 fr. 0 0 | 5 7 8 5 4 fr.
7 5 6   6 8   | ———————————
——————————    | 0 fr. 0 2 1 1
0 4 5   5 2 0
  5 7   8 5 4              R. On paiera 0 fr. 0211
——————————                dix-millièmes de franc, ou
  0 5   4 8 6 0            0 fr. 02 centimes et 11 cen-
    5   7 8 5 4            tièmes de centime.
——————————
    1   7 0 2 6
```

Les contributions d'une commune s'élèvent à 19845 fr. 65 centimes, et le revenu est de 158967 fr. 85 centimes ; combien paie-t-on pour un franc de revenu ?

```
 1 9 8 4 5,6 5 0  | 1 5 8 9 6 7,8 5
 1 5 8 9 6 7 8 5  |
───────────────   | 0 fr. 12
 0 5 9 4 8 8 6 5 0
   3 1 7 9 5 5 7 0
───────────────
   0 7 6 9 5 0 8 0
```

R. On paie 15 centimes par chaque franc de revenu ?

Un domestique gagne 250 francs pour un an ; combien gagne-t-il par mois et par jour ?

Opérations.

```
1re.   2 5 0 fr. | 1 2 mois.
       0 1 0 0   |
         0 4 0   | 2 0 fr. 85.
           0 4   |
```

```
2e.   2 5 0 fr. 0 0 | 3 6 5 jours.
        3 1    0 0   |
          1    8 0   | 0 fr. 68
```

R. Il gagne 20 fr. 83 centimes par mois, ou 68 centimes $\frac{1}{2}$ par jour.

Il faut 4 kilomètres pour faire une lieue commune.
Il faut 5 kilomètres ou un demi-myriamètre pour faire une lieue ordinaire ou légale.

Un père de famille ordonne par son testament, que l'aîné de ses enfants prendra sur tous ses biens 10.000 francs, et la septième partie de ce qui restera ;

le deuxième 20.000 francs, et la septième partie de ce qui restera ; le troisième 30.000, et la septième partie du surplus ; et ainsi jusqu'au dernier, en augmentant toujours de 10.000 francs. Ses enfants ayant suivi la disposition du testament, il se trouve qu'ils ont été également partagés. On demande combien il y avait d'enfants, quel était le bien de ce père, et quelle a été la part de chacun de ses enfants ?

Solution

Supposition 360.000 francs.

Le premier prenant 10.000 francs, le restant du bien est de 350.000 francs, dont la septième partie est 50.000 fr., qui avec 10.000 fr. font 60.000 fr. Le premier enfant ayant pris sa portion, il reste 300.000 fr., sur laquelle somme le second prenant 20.000 francs, le restant est 280.000 fr., dont la septième partie est 40.000 fr. qui jointe aux 20.000 fr. ci-dessus, font 60.000 fr. ; il reste 240.000 francs. Le troisième prend 30.000 fr., il reste 210.000 fr., dont le septième est 30.000 fr., qui joint aux 30.000 fr. qu'il a déjà pris, font 60.000 fr. ; il reste 180.000 francs. Le quatrième prend 40.000 fr., il reste 140.000 fr., dont le septième est 20.000 fr., lesquels réunis aux 40.000 fr. qu'il a pris, font 60.000 fr. ; il reste alors 120.000 francs. Le cinquième prend 50.000 francs, il reste 70.000 fr., dont le septième est 10.000 fr., qui, avec les 50.000 fr. qu'il a pris, font 60.000 fr. ; il ne reste plus par conséquent que 60.000 francs, qui font la part du sixième enfant.

Réponse. Le bien de ce père de famille était de 360.000 francs, il y avait six enfants, et la part de chacun a été de 60.000 francs.

Progression arithmétique

Un Monsieur présente à des dames du tabac dans une jolie tabatière dont elles sont enchantées. Une de ces dames demande ce que cette jolie tabatière a coûté. Le Monsieur répond qu'elle coûte un nombre de pièces de 20 francs, dont le double ôté de 36, donne pour reste quatre fois le nombre des pièces qu'elle lui coûte. Combien cette tabatière coûte-t-elle ?

Solution.

Quel que soit le nombre de pièces de 20 francs que coûte cette tabatière, je le désigne par 6 ; et comme, selon le Monsieur, deux fois ce nombre ôté de 36, donne pour reste 4 fois ce nombre 6 ; j'ai cette progression 36 moins 12, égale 4 fois 6. Or, si 36, moins deux fois le nombre de pièces que j'ignore, égale 4 fois le nombre de pièces que coûte la tabatière, elle revient par conséquent à 6 pièces de 20 francs.

Opérations.

1ʳᵉ. 6 pièces   2ᵉ. De   3 6 pièces   3ᵉ 6 pièces
$\times$ 2 fois   Otez   1 2 $\times$ 4 fois

= 1 2 pièces   Reste 2 4 pièces   = 2 4 pièces.

4ᵉ. De   5 6 pièces   5ᵉ.   4 fois
     Otez 1 2 pièces $\times$ 6 pièces

Reste 2 4 pièces   = 2 4 pièces.

ou en progresssion :

$$36 - 12 = 4 \times 6$$

R. Cette tabatière coûte 6 pièces de 20 francs ou 120 francs.

L'âge d'un père est triple de celui de son fils; on demande dans combien d'années l'âge du père ne sera que double de celui qu'aura le fils.

Solution.

Soit l'âge du père 45 ans, l'âge du fils quinze ans; en ajoutant 15 de part et d'autre, le fils aura alors 30 ans, et le père 60; il aura par conséquent le double de l'âge de son fils.

Opérations.

1re. âge du père 45 ans

$1/3$ = 15 ans âge du fils

2e.
$$45 \text{ ans} + 15 \over = 60 \text{ ans}$$

3e.
$$15 \text{ ans} + 15 \over = 30 \text{ ans}$$

4e.
$$30 \text{ ans} + 30 \over = 60 \text{ ans}$$

Réponse. C'est dans 15 ans que l'âge du père ne sera que double de celui qu'aura le fils.

Hier j'entre dans un café et je demande à la dame de comptoir combien il y avait de personnes au café. Elle me répond : Une moitié joue au billard, un quart boit la bière, un septième boit l'absinthe, et il y a de plus trois dames qui jouent aux dominos. Combien y avait-il de personnes dans ce café ?

Solution.

28 dénominateur commun.

$1/2$ = 14 personnes

$1/4$ = 7

$1/7$ = 4

plus 3 dames

= 28 personnes

R. Il y avait 28 personnes dans ce café.

Une fille gardait des oies qui paissaient dans un champ, un passant lui demande à combien se montait le nombre de ses oies. Elle répond : J'en ai tant ; si j'en avais encore autant, la moitié d'autant, le quart d'autant et celle qui les a couvées, j'en aurais juste 100. Quel est le nombre des oies que cette fille gardait ?

Solution.

Je suppose que cette fille avait	5 6 oies.
Car en ayant encore autant ça fait	5 6
Plus la moitié d'autant qui fait	1 8
Plus le quart d'autant qui fait	9
Et celle qui les a couvées qui fait	1
Total	1 0 0 oies.

Rép.onse. Cette fille gardait 56 oies.

Dernièrement on demandait à une demoiselle l'âge qu'elle avait. Elle répondit : nous sommes trois sœurs, Maria, Eugénie et moi Zoé. Maria a 2 ans de plus que moi, et Eugénie 8 ans de moins, à nous trois nous en avons 50. Quel est l'âge de mes sœurs et mien ?

Solution.

Prenez d'abord le tiers de 50 qui est 16 ans et 8 mois ; ajoutez à 16 ans 8 mois 2 ans, ce qui fera 18 ans 8 mois, qui est positivement l'âge de Zoé. Otez ensuite sur l'âge de Zoé 8 ans qu'Eugénie a de moins, il restera 10 ans 8 mois qui est l'âge d'Eugénie. Soustrayez l'âge des deux sœurs Zoé et Eugénie de 50 ans qu'elles ont à elles trois, il restera 20 ans et 8 mois pour Maria. Maintenant réunissez ces trois nombres et vous aurez juste le total de 50 années.

— 161 —

Opérations.

1re.　5 0 ans　　　2e.　1 6 ans 8 mois

$^1/_3$ = 1 6 ans 8 mois　　+　2 ans
_____
　　　　　　　　= 1 8 ans 8 mois âge de zoé

3e.　De　1 8 ans 8 mois âge de zoé
　　　　Otez　8 ans 0 mois
_____
　　　Reste 1 0 ans 8 mois âge d'Eugénie.

4e.　　1 8 ans 8 mois âge de zoé
　　+　1 0　　8　　âge d'Eugénie
_____
　　=　2 9 ans 4 mois âge de ces deux sœurs

5e.　De　5 0 ans 0 mois
　　　　Otez　2 9　　4
_____
　　Reste 2 0 ans 8 mois âge de Maria

Réponse.

Zoé	a 18 ans	8 mois
Eugénie	10	8
Et Maria	20	8
Total	50 ans	

Progression géométrique.

Un jeune Seigneur a 800 ans de noblesse, tant du côté paternel que du côté maternel, sans mélange de roture du côté des mères. Combien y a-t-il de personnes qui ont coopéré directement à la production de ce jeune Seigneur, sachant qu'il compte à 4 générations par siècle, 52 générations d'aïeux et d'aïeules tous nobles ?

Roture, s. f. condition de ceux qui ne sont pas nobles.

Solution.

Ce jeune Seigneur a un père et une mère ; son père a eu un père et une mère, et sa mère autant ; voilà donc quatre personnes qui ont coopéré à la production du père et de la mère de ce jeune Seigneur, par conséquent à la sienne ; chacune de ces quatre personnes a eu un père et une mère, donc huit personnes ont produit ces quatre ; chacune de ces huit personnes a eu un père et une mère, conséquemment 16 personnes ont produit les 8 ; ces 16 personnes ont, par la même raison, été produites par 32 personnes ; ces 32 par 64, ainsi de suite ; de sorte que ces générations forment cette progression géométrique croissante de 32 termes ; savoir, 2, 4, 8, 16, 32, 64, 128. Ainsi, de progression en progression jusqu'au 32e terme qui est le dernier ; mais comme 2 est le plus petit terme qui doit être ôté du dernier terme, je commence la progression par le nombre 4 ; en disant : 4 et 4 font 8, 8 et 8 font 16, 16 et 16 font 32, 32 et 32 font 64. Ou ce qui est la même chose, je double tous les nombres l'un après l'autre en disant : 2 fois 4 font 8, 2 fois 8 font 16, 2 fois 16 font 32, 2 fois 32 font 64, ainsi de suite jusqu'au 32e terme qui produit 8.589.934.592 : duquel nombre j'ôte le plus petit terme, qui est 2, comme étant égal au premier 2, qui se trouve être la souche principale de toutes les progressions et il reste 8.589.934.590, qui est le nombre des aïeux du jeune Seigneur depuis 800 ans jusqu'à lui.

Opération.

Termes.		Progression.
1ro.	1er.	4
	2e.	8
	3e.	16
	4e.	52
	5e.	64
	6e.	128
	7e.	256
	8e.	512
	9e.	1024
	10e.	2048
	11e.	4096
	12e.	8192
	15e.	16584
	14e.	32768
	15e.	65556
	16e.	151072
	17e.	262144
	18e.	524288
	19e.	1048576
	20e.	2097152
	21e.	4194304
	22e.	8588608
	25e.	16777216
	24e.	33554452
	25e.	67108864
	26e.	134217728
	27e.	268435456
	28e.	536870912
	29e.	1075741824
	50e.	2147483648
	31e.	4294967296
	32e.	8589934592

2ᵉ De   8 5 8 9 9 3 4 5 9 2 personnes.
    Otez   2 personnes.
    _____

    Reste 8 5 8 9 9 3 4 5 9 0 personnes.

Réponse. Il y a 8.589.934.590 personnes qui ont coopéré directement à la production de ce jeune Seigneur.

_____

Une personne aveugle a fait construire dans son cellier, 9 caveaux disposés en carré ; celui du milieu est destiné pour les liqueurs, et elle en a la clef. Elle ordonne à son domestique de faire arranger dans les huit caveaux environnants 52 barils de vin de la meilleure qualité, de sorte qu'il y ait le même nombre de barils dans les 4 caveaux des angles, et que les 4 caveaux intermédiaires contiennent aussi un même nombre de barils. Le domestique, en effet, fait placer 3 barils dans les caveaux de chaque angle, et 10 dans ceux du milieu. Le maître qui est aveugle, compte en tâtonnant ses barils de vin, et en trouve 16 dans chaque rang des trois caveaux. Ensuite le domestique infidèle fait enlever 4 barils du cellier ; le maître en étant instruit, va compter les barils, et comme il en trouve 16 dans chaque rang, il est tranquillisé. Quelques jours après, il est averti que son domestique a fait encore enlever 4 barils ; il va les compter, et en trouve 16 dans chaque rang ; il rentre chez lui, persuadé qu'on en veut à son domestique ; c'est pourquoi il lui accorde toute sa confiance. Le domestique, au lieu de se corriger, fait encore enlever 4 barils de vin, alors ce n'est plus qu'un cri général de la part des voisins contre les friponneries

du domestique, ce qui oblige le maître à compter encore ses barils, dont il trouve le nombre 16 dans
chaque rang. Le domestique, ne devenant que plus
hardi, fait encore enlever 4 barils ; tous les voisins
alors indignés, le saisissent au collet, et le conduisent
à son maître, en certifiant unanimement ce qu'ils ont
vu. Le maître visite son cellier et trouve toujours le
même nombre de 16 barils de vin dans chaque rang ;
outré alors de l'accusation, il fait chasser tout le monde,
et défend l'entrée de sa maison.

Le domestique a pourtant volé réellement 16 barils
de vin à son maître : comment a-t-il fait pour que
son maître trouve toujours le nombre de 16 barils
dans chaque rang, toutes les fois qu'il en a fait la
visite ?

Solution.

Les cinq carrés qui suivent figurés représentent les
9 caveaux, savoir : trois de chaque côté et un au milieu ;
chacun de ces carrés indique les moyens dont le domestique s'est servi pour arranger, à chaque visite de
son maître les barils de vin de manière qu'il puisse
toujours trouver le nombre 16, en comptant successivement 16 dans chaque rang.

Disposition des barils.

1re position.

3	10	3
10	liqueur	10
3	10	3

2e position.

4	8	4
8	liqueur	8
4	8	4

3e position.

5	6	5
6	liqueur	6
5	6	5

4ᵉ position.		
6	4	6
4	liqueur	4
6	4	6

5ᵉ position.		
7	2	7
2	liqueur	2
7	2	7

Opérations.

de la 1ʳᵉ position :

$$
\begin{array}{r}
5 \text{ barils} \\
10 \\
5 \\
10 \\
10 \\
5 \\
10 \\
5 \\
\hline
= 52 \text{ barils}
\end{array}
$$

de la 2ᵉ position :

$$
\begin{array}{r}
4 \text{ barils} \\
8 \\
4 \\
8 \\
8 \\
4 \\
8 \\
4 \\
\hline
= 48 \text{ barils}
\end{array}
$$

de la 3ᵉ position :

$$
\begin{array}{r}
5 \text{ barils} \\
6 \\
5 \\
6 \\
6 \\
5 \\
6 \\
5 \\
\hline
= 44 \text{ barils}
\end{array}
$$

de la 4ᵉ position :

$$
\begin{array}{r}
6 \text{ barils} \\
4 \\
6 \\
4 \\
4 \\
6 \\
4 \\
6 \\
\hline
= 40 \text{ barils}
\end{array}
$$

```
de la 5° position        De     5 2 barils
          7              Otez   4 8
          2              ─────────────────
          7              Reste   0 4 barils volés
          2
          2              De      4 8 barils
          7              Otez    4 4
          2              ─────────────────
          7              Reste   0 4 barils volés

 =  56 barils            De      4 4 barils
                         Otez    4 0
                         ─────────────────
                         Reste   0 4 barils volés


 De      4 0 barils              4 barils
 Otez    5 6                     4
 ────────────────────            4
 Reste   0 4 barils volés        4
                         ─────────────────
                          =  16 barils
```

Ayant fait mes cinq opérations je trouve pour la première 52 barils qui est bien le nombre que le maître a fait placer ; pour la deuxième 48 ; pour la troisième 44 ; pour la quatrième 40 ; et pour la cinquième 56. Je fais ensuite les soustractions de chacune, et je trouve que le domestique a réellement volé 16 barils de vin, quoique son maître en ait toujours trouvé 16 dans chaque rang des trois caveaux.

Il y avait bien en vérité 16 barils de vin dans chaque rang des trois caveaux de la 2e, 5e, 4e, et 5e position ; mais le total des barils de chacune de ces positions ne forme nullement 52 barils que le maître avait réellement fait mettre dans les 8 caveaux.

Distribuez entre trois personnes vingt et un tonneaux, dont sept pleins, sept vides et sept demi–pleins,
en sorte que chacune ait la même quantité de vin et
de tonneaux. Combien chacune en aura-t-elle?

Solution.

	Tonneaux pleins	vides	demi-pleins
1re personne	2	2	3
2e id.	2	2	3
3e id.	3	3	1

Autre manière.

	Tonneaux pleins	vides	demi-pleins
1re personne	3	3	1
2e id.	3	3	1
3e id.	1	1	5

Réponse. Chaque personne aura 7 tonneaux, et 3
tonneaux et demi de vin.

———

Un homme rencontre, en sortant de sa maison, un
certain nombre de pauvres, et veut leur distribuer l'argent qu'il a sur lui. Il trouve qu'en donnant 9 francs
à chacun, il en a 32 de moins qu'il ne faut; mais
qu'en en donnant 7 à chacun, il lui en reste 24.
Quels étaient le nombre des pauvres, et la somme
que cet homme avait dans sa bourse?

Solution.

1°°	2 8 pauvres		2° De	2 5 2 fr.
×	9 fr.		Otez	3 2
= 2 5 2 fr.			Reste	2 2 0 fr.

3°	2 8 pauvres		4° De	2 2 0 fr.
×	7 fr.		Otez	1 9 6
= 1 9 6 fr.			Reste	0 2 4 fr.

Réponse. Il y avait 28 pauvres, et cet homme avait 220 francs dans sa bourse.

———————

Un mulet et un âne faisant voyage ensemble, l'âne se plaignait du fardeau dont il était chargé. Le mulet lui dit : Animal paresseux, de quoi te plains-tu ? Si tu me donnais un des sacs que tu portes, j'en aurais le double des tiens : mais si je t'en donnais un des miens, nous en aurions autant l'un que l'autre. On demande quel était le nombre de sacs dont l'un et l'autre étaient chargés ?

Solution.

Puisque le mulet donnant 1 de ses sacs à l'âne ils se trouvent également chargés, il est évident que la différence des sacs qu'ils portent est égale à 2.

Maintenant, si le mulet en reçoit un de ceux de l'âne, la différence sera 4 ; mais alors le mulet aura le double du nombre des sacs de l'âne ; conséquemment le mulet en aura 8, et l'âne 4. Que le mulet en rende donc 1 à l'âne, celui-ci en aura 5, et le premier en aura 7. Ce sont les nombres de sacs dont ils étaient chargés.

Opérations.

1re 2 sacs pour le mulet.   2° 2 sacs pour l'âne.

3e   1 sac donné par le mulet à l'âne
      +   2 que le mulet avait de reste
      +   1 qu'il reçoit de l'âne
      _____
      =   4 sacs pour le mulet.

Le mulet ayant 4 sacs, il a le double des sacs de l'âne. Conséquemment, puisqu'il a le double, il s'agit de multiplier 4 par 2 pour doubler et il viendra 8 au produit.

L'âne ayant 2 sacs, il s'agit de les multiplier par 2 pour les doubler, et il viendra 4 au produit.

4°   4 sacs qu'a le mulet   5°   2 sacs qu'a l'âne
   × 2 pour doubler   **×** 2 pour doubler
   _____   _____
   = 8 sacs pour le mulet   **=** 4 sacs pour l'âne

6°   De   8 sacs qu'a le mulet
      Otez   1 sac pour rendre à l'âne
      _____
      Reste 7 sacs au mulet.

7°   4 sacs qu'a l'âne
      + 1 sac rendu par le mulet
      _____
      = 5 sacs pour l'âne.

Réponse. Le mulet était chargé à 7 sacs, et l'âne à 5.

Un homme passa la sixième partie de sa vie dans la jeunesse, et la douzième dans l'adolescence ; après un septième de sa vie et cinq ans, il eut un fils qui mourut après avoir atteint la moitié de l'âge de son père, et ce dernier ne lui survécut que de quatre ans. Quel était l âge de cet homme ?

Opération.

8 4 Dénominateur commun.

$$
\begin{aligned}
\text{1}/_6 &= 1\ 4 \text{ ans} \\
\text{1}/_{12} &= 7 \\
\text{1}/_7 &= 1\ 2 \\
\text{1}/_2 &= 4\ 2 \\
&+ 5 \\
&+ 4 \\
\hline
&= 8\ 4 \text{ ans.}
\end{aligned}
$$

R. L'âge de cet homme était de 84 ans.

Adolescence, s. f, cet âge commence pour les femmes à 11 ou 12 ans, et se termine à 20 ou 21 ans ; pour les hommes il commence à 14 ou 15 ans, et se termine à 24 ou 25 ans.

Jeunesse, s. f, âge qui suit immédiatement l'adolescence.

Un homme a perdu sa bourse où il y avait un certain nombre de pièces de 1 franc, et ne sait plus le compte de l'argent qu'il y avait. Il se rappelle seulement qu'en le comptant deux à deux pièces, ou trois à trois, ou cinq à cinq, il restait toujours un ; mais qu'en le comptant sept à sept, il ne restait rien. Quel est le nombre de pièces que cet homme avait dans sa bourse ?

Opérations.

1° 9 1 | 2   2° 9 1 | 5
    1 1 | 4 5   0 1 | 5 0
    1

3° 9 1 | 5   4° 9 1 | 7
    4 1 | 1 8   2 1 | 1 5
    1   0

Réponse. Cet homme avait 91 pièces de 1 franc dans sa bourse.

Un voleur, en s'enfuyant, fait 8 kilomètres par jour : un gendarme qui le poursuit, n'a fait que 3 kilomètres le premier jour, cinq le second, sept le troisième, et ainsi de suite, en augmentant de deux kilomètres chaque jour. Combien de jours mettra le gendarme pour atteindre le voleur ; et combien de kilomètres chacun aura-t-il fait ?

Solution.

Pour résoudre cette question j'ajoute le nombre 2 des kilomètres que le gendarme fait chaque jour de plus que le précédent, au double 16 du nombre 8 des kilomètres que le voleur fait chaque jour, et j'ôte de la somme 18, le double 6 du nombre 3 des kilomètres que le gendarme a faites le premier jour. Ensuite je divise le reste, nombre 12, par les 2 kilomètres que le gendarme fait de plus chaque jour, et le quotient 6 me fait connaître que le gendarme atteindra le voleur au bout de 6 jours, et que par conséquent chacun aura fait 48 kilomètres, parce que 6 fois 8 font 48, et que la somme des 6 termes de la progression arithmétique 3, 5, 7, 9, 11, 15, fait aussi 48.

Opérations.

1re   8 kilomètres.
$\times$ 2
=   16
+   2
= 18 kilomètres.

2e   5
$\times$ 2
=   6

3e   De   18
Otez   6
Reste 12

4e   12 | 2 kilom.
     0 | 6 jours.

5e   8 kilom.
$\times$ 6 jours
= 48 kilom.

6e   3
     5
     7
     9
    11
    15
= 48.

Réponse. Le gendarme mettra 6 jours pour atteindre le voleur, et ils auront fait chacun 48 kilomètres.

On introduit un aveugle dans une assemblée de demoiselles; trompé par le bruit qu'il entend, il leur dit : Bonjour, les 24 belles demoiselles; une d'entre elles lui répond : Nous ne sommes pas 24; mais si nous étions cinq fois ce que nous sommes, nous serions autant au-dessus de 24, ce que nous sommes au-dessous de ce nombre. Combien y avait-il de demoiselles dans cette assemblée ?

Solution.

Le nombre des demoiselles était 8; et en effet 5

fois 8 font 40, qui surpasse 24 de 16, comme 24 surpasse 8 du même nombre 16.

Opérations.

1ᵉ
$$8 \text{ nombre de demoiselles}$$
$$\times \quad 5 \text{ fois.}$$
$$= \quad 4\ 0 \text{ demoiselles.}$$

2ᵉ
De	4 0 demoiselles
Otez	2 4
Reste	1 6 demoiselles.

5ᵉ
De	2 4 demoiselles.
Otez	8
Reste	1 6 demoiselles.

Réponse. Il y avait 8 demoiselles dans cette assemblée.

LA PREUVE DE L'ADDITION, DE LA SOUSTRACTION, DE LA MULTIPLICATION ET DE LA DIVISION AVANT QUE DE COMMENCER LA RÈGLE

On emploie, pour vérifier l'exactitude d'une opération arithmétique, des calculs plus ou moins longs qu'on appelle *preuves*. Bien que ces moyens ne donnent qu'une probabilité (grande il est vrai) d'exactitude, ils n'en sont pas moins utiles : car si l'on ne pouvait s'assurer d'une opération qu'en la recommençant, il pourrai arriver qu'on retombât dans les mêmes erreurs.

Mais une preuve perd tous ses avantages si elle exige un calcul aussi long que l'opération elle-même.

Je crois avoir préservé de cet inconvénient la nouvelle preuve que je soumets à l'examen des personnes que la difficulté de vérification pourrait avoir découragées. Elle réunit à la grande simplicité, la promptitude et la sûreté désirable, en même temps qu'elle offre, surtout pour la multiplication, un avantage précieux : c'est que la preuve peut se faire avant l'opération ; ou que ces deux calculs peuvent s'effectuer simultanément.

Pour faciliter l'exécution de cette preuve, j'ai imaginé une table que j'appelle *table des valeurs absolues*, au moyen de laquelle on opère plus rapidement, en s'en servant comme je vais l'indiquer.

1	2	3	4	5	6	7	8	9
10	11	12	13	14	15	16	17	18
19	20	21	22	23	24	25	26	27
28	29	30	31	32	33	34	35	36
37	38	39	40	41	42	43	44	45
46	47	48	49	50	51	52	53	54
55	56	57	58	59	60	61	62	63
64	65	66	67	68	69	70	71	72
73	74	75	76	77	78	79	80	81
82	83	84	85	86	87	88	89	90
91	92	93	94	95	96	97	98	99

Preuve de l'Addition.

```
soit :  1 8 5 5
          8 9 7
            4 8
          4 0 5          6 2 — 8
        ─────────       ─────────
        3 2 0 5              8
```

Pour faire la preuve de l'addition, on ajoute ensemble et sans distinction de rang, tous les chiffres de l'opération : 1 et 8 font 9 et 5 font 14 et 5 font 19 et 8 font 27 et 9 font 36 et 7 font 43 et 4 font 47 et 8 font 55 et 4 font 59 et 3 font 62. On cherche 62 dans la table, et l'on voit sa colonne, surmontée du chiffre 8, qui est celui qu'on devra retrouver, si l'opération est exacte, en additionnant les chiffres du total.

En effet. 3 et 2 font 5 et 5 font 8, qui, dans la table surmonte une colonne.

Quand on a de fortes additions, on peut chercher la valeur absolue (valeur toujours indiquée par le chiffre surmontant la colonne) d'un total partiel ; et, au lieu d'ajouter les autres chiffres du total partiel, on les ajoute à sa valeur absolue. Par exemple, quand on a fait l'addition des chiffres 1, 8, 5, 5, 8, 9, et 7 dans l'opération ci-dessus, on trouve 43 ; au lieu de continuer l'addition avec 43, on la continue avec 7, qui est sa valeur absolue. L'on a 7 et 8 font 15 et 4 font 19 et 3 font 22 et 4 font 26. Si l'on cherche 26 dans la table, on trouve en haut de sa colonne la valeur absolue de 26, qui est 8, chiffre que j'ai déjà obtenu par un autre moyen. Enfin, on peut, avec l'habitude, se passer de la table, car pour trouver la valeur absolue d'un nombre quelconque, il suffit d'additionner ses chiffres, jusqu'à ce qu'on n'ait plus qu'un seul chiffre pour dernier total. Ainsi, la valeur absolue de 87,

d'après la table, est 6 ; je la trouve également sans
la table, en additionnant les chiffres du nombre 87 :
8 et 7 font 15.

Mais comme la valeur absolue ne doit être expri-
mée que par un seul chiffre, j'additionne encore les
chiffres de 15, en disant : 1 et 5 font 6. Cette ob-
servation est applicable aux quatre preuves. . . .

SOUSTRACTION.

Soit cette opération :

8 7 0 9 4 0 5	— 6
5 8 5 9 4 1	— 5
8 5 2 5 4 6 4	— 5

Pour en faire la preuve, j'additionne les chiffres du
nombre supérieur : je trouve ici 33, qui, dans la table,
est surmonté du chiffre 6 (3 et 3 font 6).

J'écris ce chiffre à la droite du nombre supérieur.

Ensuite j'additionne de même les chiffres du nombre inférieur, et je trouve 30. Ce nombre a pour valeur absolue 3, chiffre que je place au-dessous de
celui déjà trouvé.

Je fais la soustraction en disant : de 6 ôtez 5 reste
3 que j'écris à la droite de la différence, ensuite j'a-
joute ensemble les chiffres de cette différence, et je
dois trouver 5.

En effet, 8 et 5 font 11 et 2 font 13 et 5 font 16
et 4 font 20 et 6 font 26 et 4 font 30, dont la valeur absolue est bien 5.

Nota. S'il arrivait dans la petite soustraction de
droite que le chiffre inférieur fût plus fort que le chiffre
supérieur, il faudrait ajouter 9 à celui-ci, et continuer ainsi :

Exemple.

$$
\begin{array}{l}
2\,0\,0\,5\,1 = 6 + 9 = 15 \\
4\,5\,8\,0 = 8 \qquad\qquad 8 \\
\hline
15451 \qquad\qquad = \qquad 7
\end{array}
$$

MULTIPLICATION.

Exemple :
$$
\begin{array}{r}
8\,5\,4\,6 \qquad — (5) \\
\times \; 7\,5\,4 \\
\hline
5\,5\,5\,8\,4 \quad — \; 5 \\
4\,1\,7\,5\,0 \quad — \; 6 \\
5\,8\,4\,2\,2 \quad — \; 5 \\
\hline
6\,2\,9\,2\,8\,4 \quad — \; 5
\end{array}
$$

Pour faire cette opération j'additionne tous les chiffres du multiplicande (nombre du haut) en disant : 8 et 5 font 11 et 4 font 15 et 6 font 21, dont la valeur absolue est 5 (chiffre qui surmonte dans la table la colonne où se trouve 21).

Je place ce (5) entre parenthèses, et un peu à droite du multiplicande ; puis je le multiplie par le premier chiffre de droite du multiplicateur, qui est ici 4 ; en disant : 4 multiplié par 5 égale 12, dont la valeur absolue est 5.

J'écris ce 5 à la droite de la place qu'occupera ce premier produit partiel.

Maintenant je multiplie le (5) par le deuxième chiffre du multiplicateur, en disant : 5 × 5 = 15. La valeur

absolue de 15 est 6, que j'écris à la droite de
la place du deuxième produit partiel.

Ensuite je répète la même opération pour le troisième chiffre du multiplicateur, en disant $7 \times 3 = 21$.

La valeur absolue de 21 est 3, que j'écris à la
droite du troisième produit partiel. Je tire un trait
sous les valeurs absolues 3, 6, 3, je les additionne en
disant : 3 et 6 font 9, et 3 font 12 dont la valeur
absolue est 3 que j'écris au total.

Maintenant je commence l'opération : Je multiplie
8346 par 4 et j'ai pour premier produit partiel 33384.
Avant d'aller plus loin, je dis en additionnant hori-
zontalement les chiffres : 3 et 3 font 6 et 3 font 9
et 8 font 17 et 4 font 21, dont la valeur absolue est
bien 3, chiffre déjà placé à droite comme preuve.

Pour obtenir le deuxième produit partiel, je multiplie 8346 par 5 et j'ai 41750. Je dis en additionnant
les chiffres : 4 et 1 font 5 et 7 font 12 et 5 font 13,
dont la valeur absolue est 6 déjà placé à droite.

Pour obtenir le troisième produit partiel, je multiplie
également 8346 par 7 et j'ai 58422. Je dis en additionnant les chiffres : 5 et 8 font 13 et 4 font 17
et 2 font 19 et 2 font 21, dont la valeur absolue est
3, chiffre qui est déjà à droite, et qui prouve ainsi
l'exactitude de ce produit partiel.

Ensuite je fais l'addition de tous les produits par-
tiels et j'obtiens pour produit total 6292884. J'additionne ces chiffres en disant : 6 et 2 font 8 et 9 font
17 et 2 font 19 et 8 font 27 et 8 font 55 et 4 font
59, dont la valeur absolue est 3. Même chiffre que
celui du total de la preuve.

DIVISION.

Exemple 6 = 5 8 4 7 0 | 7 5   5
  ↓   5 9 7 | ‾‾‾‾‾
             7 2 0 | 7 7 9   5
  6 =   4 5 | ‾‾‾‾‾
                        | 1 5

Pour faire cette opération je commence par additionner les chiffres du diviseur en disant : 7 et 5 font 12, dont la valeur absolue est 3, que j'écris à la droite du diviseur.

J'additionne de même les chiffres du quotient en disant : 7 et 7 font 14 et 9 font 23, dont la valeur absolue est 5, que j'écris à la droite du quotient déjà placé. Ensuite je multiplie ces deux chiffres l'un par l'autre en disant : 3 fois 5 font 15 que j'écris. On ajoute à ce produit le reste de la division, s'il y en a un. Comme ici par exemple j'ai un reste 45, je dis : 15 et 5 font 20 et 4 font 24, dont la valeur absolue est 6.

C'est ce chiffre qui indiquera l'exactitude de la division, car on devra toujours le retrouver écrit d'avance à la gauche du dividende.

J'additionne donc les chiffres du dividende en disant : 5 et 8 font 13 et 4 font 17 et 7 font 24. La valeur absolue de 24 est 6, que j'écris à la gauche du dividende.

———

Un femme de la campagne porta des œufs au marché dans une ville de guerre où il y avait trois corps de garde à passer. Au premier, elle laissa la moitié de ses œufs et la moitié d'un ; au second, la moitié de ce

qui lui restait et la moitié d'un ; au troisième, la
moitié de ce qui lui restait et la moitié d'un ; enfin
elle arriva au marché avec trois douzaines. Comment
cela se peut-il faire sans rompre aucun œuf, et combien
en avait-elle en tout ?

Solution.

Il semble, du premier abord, que ce problème soit
impossible ; car comment donner une moitié d'œuf sans
en casser aucun ? Cependant on verra la possibilité,
quand on considérera que, lorsqu'on prend la grande
moitié d'un nombre impair, on en prend la moitié exacte plus $\frac{1}{2}$.

Ainsi on trouvera qu'avant le passage du dernier
guichet, il restait à la femme 73 œufs, car, en ayant
donné 37, qui est la moitié plus la moitié d'un, il
lui en reste 36.

De même, avant le deuxième guichet, elle en avait
147, car 2 fois 73 plus 1 font 147 ; et avant le
premier, 295, car 2 fois 147 plus 1 font bien 295.

Operation.

Totalité des œufs. . . :	2 9 5	
Moitié, plus $\frac{1}{2}$ =	1 4 8	donné 1 4 8
Reste	1 4 7	
Moitié, plus $\frac{1}{2}$ =	7 4	donné 7 4
Reste	7 3	
Moitié, plus $\frac{1}{2}$ =	5 7	donné 5 7
Reste	3 6	2 5 9
		ajouté 3 6
		= Total 2 9 5 œufs,

Réponse. Cette femme avait en tout 295 œufs.

J'ai entendu 5 secondes après, le coup qu'on a frappé avec un marteau sur une cloche qui était dans l'eau. A quelle distance étais-je de cette cloche ?

La vitesse de propagation du son dans l'eau est de 1453 mètres par seconde.

$$
\begin{array}{r}
1\ 4\ 5\ 3 \quad \text{mètres.} \\
\times \qquad 5 \quad \text{secondes,} \\
\hline
=\ 7\ 2\ 6\ 5 \quad \text{mètres.}
\end{array}
$$

Réponse. Vous étiez à 7265 mètres de cette cloche, ou à 7 kilomètres 265 mètres.

D. A quelle distance est l'étoile fixe la plus voisine de nous ?
R. Elle est à 5.216.672.000.000 de myriamètres, ou à 52.166.720.000.000 de kilomètres, ou 8.041.680.000.000 de lieues.

Un homme est sorti de chez lui avec une certaine quantité de pièces de 20 francs pour faire des emplettes. A la première, il dépense la moitié de ses pièces et la moitié d'une : à la seconde il dépense la moitié de ce qui lui reste et la moitié d'une ; et à la troisième pareillement. Alors il rentre chez lui ayant dépensé tout son argent, et sans jamais avoir changé unepièce. Combien cet homme avait-il de pièces de 20 francs en sortant de chez lui ?

Opération.

Totalité des pièces	7		
Moitié, plus $^1/_2$ =	4	dépensé	4
Reste	3		
Moitié, plus $^1/_2$ =	2	dépensé	2
Reste	1		
Moitié, plus $^1/_2$ =	1	dépensé	1
Reste	0	Total	7

Réponse. Il en avait 7.

———

J'ai entendu le bruit du Tonnerre 8 secondes après l'apparition de l'éclair. A quelle distance le nuage orageux était-il de moi ?

Solution

La vitesse de propagation du son dans l'air étant de 340 mètres par seconde, il faut multiplier 340 mètres par 8 secondes et on aura ce que l'on cherche.

Opération.

$$
\begin{array}{r}
3\,4\,0 \text{ mètres} \\
\times \quad 8 \text{ secondes} \\
\hline
=\ 2\,7\,2\,0 \text{ mètres}
\end{array}
$$

R. Le nuage orageux était à 2720 mètres de vous.

———

La lumière du Soleil nous arrive en 8 minutes 13 secondes. A quelle distance est-il de nous ?

La vitesse de la lumière est de 281.000.000 de mètres par seconde.

Opérations.

1re. 8 minutes 13 secondes
× 60 secondes qu'il y a dans une minute
= 480 secondes
+ 13
= 493 secondes

2e. 281.000.000 de mètres
× 493 secondes

843
2529
1124

138553000000

Réponse. Le soleil est à 138.553.000.000 de mètres de nous, où à 138.553.000 kilomètres, ou à 34.635.250 lieües.

Un maquignon possède un très beau cheval dont un homme a envie; mais cet acheteur, peu disposé à y mettre le prix convenable, est indécis. Le maquignon, pour le déterminer par l'apparence d'un prix médiocre, lui offre de se contenter du prix du vingt-quatrième clou des fers du cheval, payé à raison de un centime pour le premier clou, de deux centimes pour le deuxième, de 4 pour le troisième, et ainsi de suite, en doublant toujours le nombre de centimes jusqu'au vingt-quatrième clou. L'acheteur, croyant le marché fort avantageux pour lui, l'accepte. Quel est le prix du cheval ?

Opération.

	centimes
1er clou	1 centime.
2e	2 centimes.
5e	4
4e	8
5e	1 6
6e	3 2
7e	6 4
8e	1 2 8
9e	2 5 6
10e	5 1 2
11e	1 0 2 4
12e	2 0 4 8
13e	4 0 9 6
14e	8 1 9 6
15e	1 6 3 8 4
16e	3 2 7 6 8
17e	6 5 5 3 6
18e	1 3 1 0 7 2
19e	2 6 2 1 4 4
20e	5 2 4 2 8 8
21e	1 0 4 8 5 7 6
22e	2 0 9 7 1 5 2
23e	4 1 9 4 3 0 4
24e	8 3 8 8 6 0 8
Total	1 6 7 7 7 2 1 5 centimes.

Réponse. Le prix de ce cheval est de 16.777.215 centimes, ou 167.772 francs 15 centimes.

Pour faire cette opération, je commence par écrire 1 centime qui est le prix du 1er clou ; puis je le double en disant : 2 fois 1 font 2 ; ensuite je continue en disant ; 2 fois 2 font 4 ; 2 fois 4 font 8 ; 2 fois 8 font 16 ; 2 fois 16 font 32 ; 2 fois 32 font 64 et ainsi de suite en doublant jusqu'au dernier clou. Puis je fais l'addition et j'ai pour total 16777215 centimes, ou en séparant les deux derniers chiffres à droite par une virgule, 167.772 francs 15 centimes.

———

Une pierre a employé 3 secondes à tomber dans un puits. Quelle est la profondeur de ce puits ?

Solution.

Un corps, en tombant librement, acquiert un mouvement uniformément accéléré.

En faisant tomber d'une assez grande élévation un corps d'une masse un peu forte, il parcourt 4 mètres 90 centimètres dans la première seconde; 3 fois 4 mètres 90, dans la deuxième; dans la troisième seconde, 5 fois 4 mètres 90 : c'est-à-dire que les espaces parcourus dans 1,2,3,4,5 secondes sont comme les nombres 1,4,9,16,25 ; c'est-à-dire croissent comme les carrés des temps. Car $1 \times 1 = 1$; $2 \times 2 = 4$; $3 \times 3 = 9$; $4 \times 4 = 16$; $5 \times 5 = 25$.

Ainsi pour trouver la profondeur de ce puits je fais la proportion 1 (carré de 1) : 9 (carré de 3) :: 4 mètres 90, (espace parcouru dans la première seconde : x (espace parcouru dans les 3 secondes) = 44 mètres 10 centimètres.

Opérations.

$$1^{re} \quad 1 \qquad 2^e \quad 3 \qquad 3^e \quad 1 : 9 :: 4 \text{ m } 90 : x$$
$$\underline{\times \ 1} \qquad \underline{\times \ 3} \qquad \qquad \underline{\times \qquad 9}$$
$$= 1 \qquad \quad = 9 \qquad \qquad = 44,10$$

Réponse. La profondeur de ce puits est de 44 mètres 10 centimètres.

Un ivrogne va dans un cabaret, avec une certaine somme, et après y avoir dépensé 8 francs, il va dans un autre, emprunte autant qu'il lui reste, et dépense encore 8 francs ; il va dans un troisième et quatrième cabaret, fait le même emprunt et la même dépense, et il ne lui reste rien. Combien avait-il d'abord ?

Solution.

Puisqu'il ne restait rien à l'ivrogne après sa dernière dépense de 8 francs, il est évident que le double de son troisième reste était de 8 francs. Dans ce cas :

Le quatrième reste était de 8 francs avant la dépense.

Le troisième reste de $^8/_2 + 8$ francs $= 12$ francs.

Le deuxième reste de $^{12}/_2 + 8$ francs $= 14$ francs.

Le premier reste de $^{14}/_2 + 8$ francs $= 15$ francs qui est la somme qu'avait l'ivrogne.

En effet :

1° Il a 15 francs, il dépense 8 fr., il lui reste 7 francs.

2° Il a 7 fr. $\times$ 2 pour doubler $= 14$ fr. . il dépense 8 fr., il lui en reste 6.

3° Il a 6 fr. $\times$ 2 pour doubler $= 12$ fr., il dépense 8 fr., il lui en reste 4.

4° Il a 4 fr. $\times$ 2 pour doubler $= 8$ fr., il dépense 8 fr., il lui reste 0.

Réponse. Cet ivrogne avait 15 francs avant d'entrer au cabaret.

———

Un ivrogne va dans un cabaret avec une certaine somme, et après avoir dépensé 8 francs, il va dans un autre, emprunte autant d'argent qu'il lui en reste et dépense encore 8 fr. Il entre dans un troisième et quatrième cabaret, fait le même emprunt en autant d'argent qu'il lui en reste, la même dépense, et il ne lui reste rien. Combien avait-il avant que de boire, et combien a-t-il emprunté chaque fois, sachant que ses emprunts montent à 17 francs ?

Solution.

L'ivrogne a dépensé en tout 8 fr. + 8 fr. + 8 fr. + 8 fr. = 32 fr. ; or, il a emprunté 17 fr., il n'avait donc que 32 fr. — 17 = 15 fr. en entrant dans le premier cabaret.

En effet :

1°. 15 fr. — 8 fr. = 7 fr. ; 7 fr. + 7 fr. = 14 fr. ; 14 fr. — 8 fr. = 6 fr.

2°. 6 fr. + 6 fr. = 12 fr. ; 12 fr. — 8 fr. = 4 fr.

3°. 4 fr. + 4 fr. = 8 fr. ; 8 fr. — 8 fr. = 0 fr.

Réponse. L'ivrogne avait 15 fr. avant que de boire. Et il a emprunté la première fois 7 fr., la deuxième fois 6 francs, et la troisième fois 4 fr. qui font bien en tout 17 francs.

Une personne charitable rencontre des pauvres auxquels elle distribue le quart de l'argent qu'elle a dans sa bourse, moins $1/4$ de franc ; Dieu, pour la récompenser, double ce qui lui reste. Alors elle entre dans une église, et dépose dans un tronc le tiers de ce qu'elle a dans sa bourse, plus $1/3$ de franc ; Dieu triple ce qui lui reste. Elle se rend ensuite dans une prison, où elle distribue la moitié de ce qu'elle a, plus $1/2$ franc. Dieu quadruple ce qui lui reste, et elle rentre chez elle avec 100 francs. Combien avait-elle en sortant ?

Opérations.

1re supposition 1 7 fr. 0 0

$\frac{1}{4}$ = 4 fr. 2 5

2e De 4 fs. 2 5

Otez 0 , 2 5 pour le quart de franc.

Reste 4 fr. 0 0

3e De 1 7 fr.   4e 1 3 fr.

Otez 4 $\times$ 2 pour doubler

Reste 1 3 fr.   = 2 6 fr.

5e 2 6 fr. 0 0   6e 1 fr. 0 0

$\frac{1}{3}$ = 8 , 6 6 $\frac{2}{3}$ $\frac{1}{3}$ = 0 , 3 3 $\frac{1}{3}$

7e 8 fr. 6 6 $\frac{2}{3}$ 8e De 2 6 fr.

+ 0 , 3 3 $\frac{1}{3}$ Otez 9

= 9 fr. 0 0   Reste 1 7 fr.

9e 1 7 fr.   10e 5 1 fr. 0 0

$\times$ 3 pour tripler $\frac{1}{2}$ = 2 3 , 5 0

= 5 1 fr.

11e 2 3 fr. 50   12e De 5 1 fr.

+ 0 , 50 pour le demi fr.   Otez 2 6

= 2 6 fr. 00   Reste 2 5 fr.

13e 2 5 fr.

$\times$ 4 pour quadrupler

= 1 0 0 fr.

Réponse. Cette personne avait 17 fr. en sortant de chez elle.

Une personne avait des prunes dans un panier, elle donna la moitié de ce qu'il y avait à la première personne qu'elle rencontra, moitié du restant à une autre personne et ainsi de suite, en sorte qu'il ne lui resta plus qu'une prune. Combien y en avait-il dans le panier ?

Opération.

Supposition **6 4** prunes

$1/_2$	=	3 2	prunes
$1/_2$	=	1 6	
$1/_2$	=	8	
$1/_2$	=	4	
$1/_2$	=	2	
$1/_2$	=	1	
plus		1	qui reste
	=	6 4	prunes.

Réponse. Il y avait 64 prunes dans le panier.

Trois moines voyageant ensemble virent trois poires qui étaient sur un poirier; Chacun en cueilla une. Combien en resta-t-il ?

On me répond qu'il n'en resta point. Moi je dis qu'il en resta deux; attendu qu'il y avait un des trois Moines qui s'appelait *Chacun*, et que comme il n'y a que lui qui cueilla une des trois poires, il en resta deux.

Quel est le nombre duquel la moitié, le tiers et le quart font 52 ?

Opérations.

1re	1 2 D. C.		2e	1 5 : 52 :: 12 : x

1re   1 2 D. C.
$1/_2 = 6$
$1/_3 = 4$
$1/_4 = 3$
$= 1 3$

2e   1 5 : 52 :: 12 : x

$$\times\ 12$$
1 0 4
5 2 | 1 5
6 2 4 | 4 8
1 0 4
0 0

Preuve.

3e   4 8 D. C.
$1/_2 = 2 4$
$1/_3 = 1 6$
$1/_4 = 1 2$

Total   5 2

Réponse. Ce nombre est 48.

Le nombre de mes pièces de 20 francs est tel, que si j'en dépense $1/_3 + 1/_4 + 1/_6 + 1/_8$, il ne m'en restera plus que 3. Combien en ai-je ?

Opérations.

1re   2 4 D. C.
$1/_3 = 8$
$1/_4 = 6$
$1/_6 = 4$
$1/_8 = 3$
    2 1

2e   De   2 4
Otez   2 1
Reste   0 3

5ᵉ 5 : 5 :: 2 4 : x   *Preuve.*

$$\begin{array}{r} \times\ 3 \end{array}$$

6 5	5	+ 5
0 5	2 4	= 2 4 pièces
0		

2 4 pièces

Réponse. Vous en avez 24.

Quelques ouvriers en ribotte vont à la Courtille avec chacun une pièce de monnaie; ils entrent chez un marchand de vin, où ils dépensent 6 francs. Chacun donne en paiement sa pièce au marchand, qui lui en rend une autre et l'écot se trouve payé.

Un peu plus loin, ils font un nouvel écot de 42 sous; chacun donne en paiement la pièce qu'il a reçue, on leur en rend une autre, et ils s'en vont.

En revenant, ils apperçoivent un marchand d'eau-de-vie chez lequel ils entrent; ils en boivent pour 15 sous, chacun paie encore avec la pièce qu'on lui a rendue, et reçoit un liard, qu'ils mettent en commun. Avec le produit ils boivent pour 5 sous d'eau-de-vie, et il ne leur reste plus rien.

Combien étaient-ils, et de quelle valeur était la première pièce ?

Courtille, s. f. Endroit aux environs de Paris où le peuple se rend pour boire et manger.

Solution.

1ʳᵉ 5 sous multipliés par 4 liards qu'il y a dans un sou = 12 liards; donc il y avait 12 ouvriers, et ils avaient en entrant chez le marchand d'eau-de-vie 5 sous plus 15 = 18 sous.

2e Avant le 2e écot ils avaient 18 sous plus 42 sous = 60 sous ou 3 francs.

5e Avant le premier écot ils avaient 60 sous plus 120 sous (ou 6 fr.) = 180 sous; d'où il résulte qu'ils avaient chacun une pièce égale à $^{180}/_{12}$, ou 180 sous divisés par 12 ouvriers égale 15 sous pour chacun.

Réponse. Ils étaient 12 ouvriers, et ils avaient chacun une pièce de la valeur de 15 sous.

Un mari, en mourant, laissant sa femme enceinte, ordonne par son testament que si sa femme accouche d'un garçon, il aura 28000 francs de l'héritage, qui se monte à 42000 francs, et la mère en aura 14000 ; que si, au contraire, elle accouche d'une fille, celle-ci aura 14000 fr., et la mère 28000 francs. La femme accouche à la fois d'un garçon et d'une fille. Comment faut-il partager l'héritage ?

Solution.

Il est évident que l'intention du testateur est que la part de la mère soit le double de la part de la fille, et que la part du fils soit le double de la part de la mère. Par conséquent, la fille ayant une part, la mère en aura 2, et le fils en aura 4.

Opérations à faire

1re 1 part de la fille, plus 2 part de la mère, plus 4 part du fils égale 7 parts.

2e 42000 fr. divisés par 7 parts = 6000 francs pour une part.

3e 6000 fr. multipliés par 1 part, égale 6000 fr.

4e 6000 fr. multipliés par 2 parts, égale 12000 fr.

5e 6000 fr. multipliés par 4 parts, égale 24000 fr.

Preuve. 6000 fr., plus 12000 fr., plus 24000 fr. égale 42000 francs.

Réponse. La fille aura 6000 fr., la mère 12000 fr. et le fils 24000 fr.

Un mari, en mourant, laissant sa femme enceinte ordonne par son testament que si sa femme accouche d'un garçon, il aura 28000 francs de l'héritage, qui se monte à 42000 francs, et la mère en aura 14000; que si, au contraire, elle accouche d'une fille, celle-ci aura 14000 fr., et la mère 28000.
La femme accouche à la fois de deux garçons. Comment faut-il partager l'héritage?

Opérations à faire.

1re 5 part de la mère + 10 part d'un garçon + 10 part de l'autre garçon = 25 parts.
2e 42000 fr. : 25 parts = 1680 fr. pour une part.
3e 1680 fr. $\times$ 5 parts = 8400 fr.
4e 1680 $\times$ 10 = 16800
5e 1680 $\times$ 10 = 16800

Preuve. 8400 fr. + 16800 $\times$ 16800 = 42000 fr.

Réponse. La mère aura 8400 fr., et chaque garçon 16800 fr.

Un mari en mourant, laissant sa femme enceinte, ordonne par son testament que si sa femme accouche d'un garçon, il aura 28000 f. de l'héritage, qui se monte à 42000 fr., et la mère en aura 14000 ; que si, au contraire, elle accouche d'une fille, celle-ci aura 14000 fr., et la mère 28000. La femme accouche à la fois de deux filles. Comment faut-il partager l'héritage ?

Opérations à faire.

1re ¹/₄ part d'une fille **+** ¹/₄ part de l'autre fille **+** ¹/₂ part de la mère **=** 1.

2e 42000 fr. : 1 **=** 42000 fr.

3e 42000 fr. **×** 0,25 centièmes valeur du premier quart **=** 10500 fr.

4e 42000 fr. **×** 0,25 centièmes valeur du second quart **=** 10500 fr.

5e 42000 fr. **×** 0,50 centièmes valeur du demi **=** 21000 fr.

Preuve. 10500 fr. **+** 10500 fr. **+** 21000 fr. **=** 42000 fr.

Réponse. Chaque fille aura 10500 fr., et la mère 21000 fr.

———

Quelqu'un en mourant, laissant sa femme enceinte, fait ainsi son testament : si ma femme met au monde un fils, il aura les ³/₄ de mon bien, et la mère aura l'autre quart ; s'il naît une fille, elle aura les ²/₅ de mon bien, et l'autre tiers appartiendra à la mère. La femme ayant mis au monde un fils et une fille, comment doit-on partager, en suivant les dernières volontés du testateur, la succession qui se monte à 12000 francs ?

Opérations à faire.

1re

5 6 D. C.

La mère devra avoir $\frac{1}{6}$ = 6
La fille   id. $\frac{1}{3}$ = 1 2
Et le fils   id. $\frac{1}{2}$ = 1 8
_____
              Total   3 6

2e 36 : 12000 fr. :: 6 : x = 2000 fr.
3e 36 : 12000   :: 12 : x = 4000
4e 36 : 12000   :: 18 : x = 6000

Preuve. 2000 fr. + 4000 fr. + 6000 fr. = 12000 fr.

Réponse. La mère aura 2000 fr., la fille 4000 fr., et le fils 6000 fr.

Un homme en mourant, laissant sa femme enceinte, fait ainsi son testament : si ma femme met au monde un fils, il aura les $\frac{3}{4}$ de mon bien, et la mère aura l'autre quart; s'il naît une fille, elle aura les $\frac{2}{3}$ de mon bien, et l'autre tiers appartiendra à la mère. La femme ayant mis au monde deux garçons, comment doit-on partager, en suivant les dernières volontés du testateur, la succession qui se monte à 12000 francs ?

Opérations à faire.

1re

36 D. C.

Le premier garçon devra avoir $\frac{1}{4}$ = 9
Le deuxième garçon $\frac{1}{4}$ = 9
Et la mère $\frac{1}{2}$ = 18
_____
              Total   36

2e 36 : 12000 fr. :: 9 : x = 3000 fr.
3e 36 : 12000   :: 9 : x = 3000
4e 36 : 12000   :: 18 : x = 6000

Preuve. 3000 fr. + 3000 fr. + 6000 fr. = 12000 fr.

Réponse. Chaque garçon aura 3000 fr., et la mère 6000 fr.

————

Quelqu'un en mourant, laissant sa femme enceinte, fait ainsi son testament : si ma femme met au monde un fils, il aura les $^3/_4$ de mon bien, et la mère aura l'autre quart ; s'il naît une fille, elle aura les $^2/_3$ de mon bien et l'autre tiers appartiendra à la mère. La femme ayant mis au monde deux filles, comment doit-on partager, en suivant les dernières volontés du testateur. la succession qui se monte à 12000 francs ?

Opérations à faire.

1re		36 D. C.
La première fille devra avoir $^1/_6$ qui est de		6
La deuxième fille id. $^1/_6$ qui est de		6
Et la mère id. $^2/_3$ qui sont de		24
Total		36

2e 36 : 12000 fr. :: 6 : x = 2000 fr.
3e 36 : 12000   :: 6 : x = 2000
4e 36 : 12000   :: 24 : x = 8000

Preuve. 2000 + 2000 fr. + 8000 fr. = 12000 fr.

Réponse. Chaque fille aura 2000 fr., et la mère 8000 francs.

Un voyageur demandait à un berger combien il avait de moutons. Le berger répondit : si j'en avais encore autant, la moitié d'autant, le quart d'autant, plus 1 j'en aurais un cent. Combien en avait-il ?

Opérations

1re   8 moutons qu'il avait
     8   id.   pour autant.
     4   id.   pour la moitié d'autant.
     2   id.   pour le quart d'autant.

= 22 moutons.

2°   22 moutons : 99 :: 8 : x
           8

       792 | 22
       152 | 56 moutons.
       0 0

3°   Il avait 56 montons.
autant = 56
La moitié d'autant = 18
Le quart d'autant = 9
Plus   1

Total   100 moutons.

Réponse. Ce berger avait 56 moutons.

———

Vingt personnes entrent dans une auberge et y font une dépense de 1 sou ; elles ont donné chacune une pièce de monnaie et on leur en a rendu à chacune une autre. Combien ont-elles donné chacune et combien a-t-on rendu à chacune ?

1re Supposition

5 sous ou 20 liards donnés par les 20 personnes :

2e Supposition.

Les 20 personnes donnent chacune 1 liard, ce qui fait 20 liards ou 5 sous. Sur ce, on rend à chacune 1 centime, ce qui fait 20 centimes ou 4 sous pour les 20 personnes.

En ôtant 20 centimes qu'on leur a rendu, de 25 centimes qu'elles ont donné, il reste à l'aubergiste, le sou qu'elles ont dépensé.

Opérations.

1re　　2 0 personnes.

$\times$　　1 liard que chacune a donné

＝　20 liards.　　｜　　4 liards

　　　　0　　　　　｜　＝ 5 sous.

2e　　2 0 personnes.

$\times$　　0 fr. 01 centime rendu à chacune

＝　　0,20 centimes ou 4 sous.

3e　De　　0 fr. 2 5 centimes qu'elles ont donné

　　Otez　0 ,　2 0 centimes qu'on leur a rendu

　　Reste　0 fr. 0 5 centimes qu'elles ont dépensé.

Réponse. Chaque personne a donné 1 liard et on a rendu 1 centime à chacune.

———

Deux litres et demi de vin coûtent 2 francs. A combien est-ce le litre.

Opérations par les fractions.

1ʳᵉ	2 litres ¹/₂		2ᵉ	2 fr.
×	2 demis		×	2 demis
=	4 demis		=	4 demis fr.
+	1 demi			
=	5 demis			

3ᵉ 4,0 0 | 5
    0 0 | 0 fr. 80

Réponse. C'est à 80 centimes le litre.

Opérations par les décimales.

1ʳᵉ 2 francs valent 200 centièmes.
2 litres ¹/₂ valent 250 centièmes.

2ᵉ 2 0 0,0 0 | 2 5 0
    0 0 0 0 | 0 fr. 80

Réponse. 80 centimes comme ci-devant.

———

Je sors de chez moi avec un peu d'argent, j'entre dans une auberge où je joue et double mon argent. Ensuite je dépense 5 francs. Je retourne dans une seconde auberge où je joue encore et double mon argent. Ensuite je dépense 5 francs. Je sors et retourne dans une troisième où je joue et double mon argent. Ensuite je dépense 5 francs et m'en vais sans avoir un centime de reste. Combien avais-je en sortant de chez moi ?

Opérations.

1re   2 fr. 62 cent. $\frac{1}{2}$ que j'avais
$\times$ 2 pour doubler
___

    5 2 4

pour $\frac{1}{2}$ 1

=   5,2 5

2e   De   5 fr. 2 5
    Otez   3 , 0 0 de dépense
___

Reste   2 , 2 5

3e   2 fr. 2 5   4e   De   4 fr. 5 0
$\times$ 2 pour doubler   Otez   3 , 0 0 de dépense
___

= 4,5 0   Reste   1 fr. 50

5e   1 fr. 5 0   6e   De   3 fr.
$\times$ 2 pour doubler   Otez   3
___

   3,0 0   Reste   0 fr.

Réponse. Vous aviez 52 sous $\frac{1}{2}$, ou 2 fr. 62 centimes $\frac{1}{2}$.

———

Un Ermite entra dans une église où il y avait trois saints savoir; Saint Pierre, saint Paul et saint François. Il fit son oraison premièrement à saint Pierre, et lui dit; bienheureux saint Pierre, je prie qu'il vous plaise de doubler l'argent que j'ai dans ma poche, et pour vous en marquer ma reconnaissance, je ferai présent de 6 francs à cette église; et ainsi fut fait. Puis s'adressant à saint Paul, il lui dit: Grand saint Paul,

je prie qu'il vous plaise de doubler l'argent que j'ai
dans ma poche, et pour vous en marquer ma reconnaissance, je ferai présent de **6** francs à cette église.
Puis s'adressant à saint François, il lui fit aussi la
même prière, le suppliant de doubler l'argent qu'il
avait dans sa poche, et qu'en reconnaissance il ferait
présent de **6** francs à l'église ; ce qui lui fut octroyé,
et il ne lui resta rien. Combien cet ermite avait-il d'argent dans sa poche en entrant à l'église ?

Supposition :
5 fr. 25 cent que l'ermite avait dans sa poche.
$\times$ 2 pour doubler
___
$=$ 10,50
Otez 6,00 qu'il donne à l'église.
___
Reste 4,50
$\times$ 2 pour doubler
___
$=$ 9,00
Otez 6 qu'il donne à l'église.
___
Reste 3 fr.   R. Il avait 3 fr.
$\times$ 2 pour doubler   25 centimes.
___
$=$ 6 fr.
Otez 6 fr. qu'il donne à l'église.
___
Reste 0 fr.

MANIÈRE D'APPRENDRE A UNE PERSONNE CE QUE L'ON NE SAIT PAS NI ELLE NON PLUS.

Dites à telle personne que vous voudrez :
Je fais le pari avec vous que je vous apprends
ce que vous ne savez pas ni moi non plus.

Assurément cette personne vous répondra que puisque vous ne savez pas une chose, ce n'est pas pour la
lui apprendre.

Vous lui prouverez que si de cette manière :

Mesurez avec un mètre, une table, la longueur ou
la largeur d'une chambre, une planche, un bâton, ou
tout autre objet quelconque que vous aurez sous la
main, et ce que vous trouverez en mètres, centimètres
ou millimètres sera ce que vous cherchez.

Exemple.

Supposons que vous ayez un bâton sous la main.
Dites à la personne que vous avez interrogée :

Voici un bâton, savez-vous combien il a de longueur ? La personne vous répondra je n'en sais rien.

Vous lui direz, ni moi non plus.

Eh bien ! lui direz-vous, je vais vous l'apprendre.
Alors mesurant le bâton, je suppose que vous l'ayez
trouvé long de 90 centimètres. Vous direz :

Ce bâton a 90 centimètres de longueur.

Ainsi vous voyez que je vous apprends ce que vous
ne saviez pas ni moi non plus. Car avant d'avoir mesuré ce bâton nous n'en connaissions pas la longueur
ni l'un ni l'autre. Mais comme c'est moi qui l'ai mesuré
et qui vous en a fait connaître la longueur, je vous
apprends ce que je ne savais pas avant de l'avoir mesuré.

Donc je vous apprends ce que vous ne saviez pas ni
moi non plus.

AUTRE EXEMPLE SUR DES NOMBRES QUELCONQUES.

Dites à une personne :

Je fais le pari avec vous que je vous apprends ce que
vous ne savez pas ni moi non plus.

Assurément cette personne vous répondra que puisque vous ne savez pas une chose ce n'est pas pour la lui apprendre.

Vous lui prouverez que si en lui disant :

Savez-vous quel est le produit de 22222 multiplié par 25 ?

Cette personne vous répondra qu'elle n'en sait rien.

Alors vous lui direz : Eh bien ! ni moi non plus. Puis faisant l'opération et ayant trouvé 555550, vous lui direz :

Le produit de 22222 multiplié par 25 est de 555.550.

Ainsi vous voyez que je vous apprends ce que vous ne saviez pas ni moi non plus. Car avant de faire l'opération nous n'en connaissions pas le produit ni l'un ni l'autre. Mais comme c'est moi qui ai fait cette opération et que je vous en fais connaître le produit, je vous apprends ce que je ne savais pas avant d'avoir opéré.

Donc je vous apprends ce que vous ne saviez pas ni moi non plus.

Nota. On peut faire des questions sur n'importe quelle chose qui se présente à l'idée. Soit de demander ce qu'il y a de lignes dans la page d'un livre, de lettres dans une ligne de Journal, etc.

Combien vingt cent mille ânes dans un pré et cent vingt dans un autre font-ils de pieds et d'oreilles ?

Réponse. Vingt cent mille ânes dans un pré et cent vingt dans un autre font 6 pieds et 4 oreilles.

Voici ce qu'on entend par là : *Vincent mit l'âne dans un pré, et s'en vint dans un autre.*

L'offrande de la veuve de Naïm était une pièce de
deux leptons, ou un kodrantès, ou un assarion. Quelle
est la valeur de cette offrande en monnaie française ?

Deux leptons, ou un kodrantès, ou un assarion valaient 1 centime 4 dixièmes de centime.

Opération.

$$\begin{array}{r} 1 \text{ kodrantès} \\ \times \quad 0 \text{ fr. } 0 \text{ 1 cent. } 4 \\ \hline 0, 0\,1, 4 \end{array}$$

Réponse. La valeur de cette offrande en monnaie
française est de 1 centime 4 dixièmes, presque 1 centime et demi.

Naïm, substantif masculin, ancienne ville de la
Tribu d'Issachar, en Galilée, contrée de la Palestine
en Syrie (Turquie d'Asie). Aujourd'hui en ruines. A
820 lieues de Paris (3280 kilomètres).

———

Au siège de Samarie, la tête d'un âne s'est vendue
80 sicles d'argent. Combien cela fait-il de notre monnaie ?

80 sicles d'argent $\times$ 3 fr. 31 centimes que vaut un
sicle $=$ R. 264 fr. 80 centimes.

Opération.

```
      8 0  sicles
  ×   5  fr. 31
  _____
              80
           2 4 0
         2 4 0
  _____
  =   2 6 4,80
```

Réponse. La tête de cet âne fût vendue 264 fr. 80 centimes de notre monnaie.

Samarie, ville de Judée en Asie à 656 lieues de Paris (2644 kilomètres). Ce siège arriva 888 ans avant J. C. C'est Benadab, roi de Syrie qui avait entrepris cette guerre contre Joram, roi d'Israël. Les femmes y mangèrent leurs enfants et les bêtes les plus immondes. Israël était un royaume de Syrie dans la Turquie d'Asie.

———

20 œufs à 12 sous la douzaine; combien est-ce le tout ?

Comme un œuf coûte un sou, les 20 œufs coûtent 20 sous.

Réponse. C'est à 20 sous le tout.

———

10 et 10, double 10, 24 et 56; combien cela fait-il?

```
   1 0
   1 0
   2 0
   2 4
   5 6
  _____
   1 0 0
```

Réponse. 10 et 10, double 10, 24 et 56 font 100.

D'un morceau j'en fais 2 morceaux et de l'un de ces morceaux j'en fais encore 2 morceaux. Combien cela fait-il de morceaux ?

On me répond que ça fait 4 morceaux. Moi je vais vous prouver que ça ne fait que trois morceaux. Et voici comment :

Je prends un morceau de papier, je le déchire en deux ce qui me fait deux morceaux. Après ça je déchire encore l'un de ces deux morceaux en deux, et j'ai pour total 3 morceaux.

Dites à un Monsieur, à une dame, ou a une demoiselle qui font les savants :

Par exemple à un Monsieur.

Vous qui êtes si savant, voulez vous bien m'écrire *qua* comme *quæ* ?

Alors ce Monsieur s'empressera d'écrire *qua cum quæ*, ou *quacumque* ou *qua* comme *quæ*. Mais n'importe de quelle manière qu'il l'écrive, ce ne sera jamais ça.

Alors vous lui direz, ce n'est pas ça du tout, vous n'y êtes pas, et jamais vous n'y parviendrez.

En voici la raison :

C'est parce que le mot *qua* ne peut pas s'écrire comme le mot *quæ* ni pour le mot *quæ*.

Comment ferez vous pour m'écrire 34 entiers avec des 3 ?

Je ferai ainsi : 33 plus $^3/_3$ égale 34.

Comment ferez vous pour m'écrire 45 avec des 4 ?

Je ferai ainsi : 44 plus $^4/_4$ égale 45.

Voulez vous bien m'écrire 56 avec des 5 ?

55 plus $^5/_5$ égale 56.

Voulez vous bien m'écrire 67 avec des 6 ?

66 plus $^6/_6$ égale 67.

Comment ferez vous pour m'écrire 78 avec des 7 ?

Je ferai ainsi : 77 plus $^7/_7$ égale 78.

Vous qui êtes si savant, voulez vous bien m'écrire 100 avec des 9 ?

99 plus $^9/_9$ égale 100.

Voulez-vous bien m'écrire 1.000 sans zéros ni lettres ?

999 $^9/_9$.

Trouvez-moi deux nombres dont les carrés ajoutés ensemble fassent un nombre carré ?

Solution.

Pour faire cette opération je prends les nombres
2 et 3. Je multiplie 2 par 3 ce qui me donne 6.
Ensuite je fais le carré de ces deux nombres en disant 2 multiplié par 2 font 4. Et 3 multiplié par 3
font 9. Maintenant je double le 6 en disant 2 fois 6
font 12. Je fais la différence des carrés 9 et 4 en disant :
de 9 ôtez 4 reste 5. Ensuite je carre 12 et 5 en disant :
12 fois 12 font 144, et 5 fois 5 font 25. J'ajoute ces
deux carrés ensemble et je trouve 169 pour total. J'extrais la racine carrée de ce nombre en disant : le plus
grand carré de 1 est 1 que j'écris à la racine, puis
1 au quotient, et 1 dessous ; je multiplie 1 par 1 ce
qui me donne 1 pour produit. Je porte cet 1 sous la
centaine du dividende, j'en fais la soustraction et il
reste 0. A côté de ce zéro, j'abaisse les deux autres
chiffres du dividende qui sont 69, je sépare le premier
à droite par un point ; ensuite je double le 1 de la
racine en disant : 2 fois 1 font 2 que j'écris au quotient, puis je dis, en 6 du dividende, combien y a-t-il
de fois 2 ? je trouve qu'il y est 3 fois, j'écris donc 3
à la racine, 3 à côté du 2 et 3 dessous ; puis je multiplie 23 par 3 en disant : 3 fois 3 font 9, et 3 fois 2
font 6, que j'écris, ce qui me donne 69 pour produit.
Je porte ce nombre sous le nombre 69 du dividende,
j'en fais la soustraction et il reste 0. J'ai donc 13 pour
racine. Alors je carre ce nombre et j'obtiens 169 pour
produit.

Ainsi les carrés 144 et 25, qui font 169, égalent
bien le carré de 13 qui fait également 169, et qui est
bien un carré parfait.

Opérations.

1re	2	2e	2	3e	3
×	3	×	2	×	3
=	6	=	4	=	9

```
4e    6        5e  De    9      6e    1 2
   ×  2          Otez   4         ×  1 2
   = 12        Reste   5              2 4
                                      1 2
                                   = 1 4 4
```

```
7e     5       8e    1 4 4
   ×   5          +   2 5
   = 2 5          = 1 6 9
```

```
9e   1 6 9    │ 1 3 racine  carrée
     1        │            1      2 5
     0 6.9    │         × 1     × 5
       6 9    │         = 1     = 6 9
       0 0
```

```
10e    1 3 racine
    ×  1 3 racine

       5 9            Réponse. Ces deux nom-
       1 5            bres sont 12 et 5.
     = 1 6 9
```

Dix personnes, en attendant l'heure du dîner, ima-
ginent un jeu qui consiste à changer de place autant
de fois qu'elles pourront former un ordre différent.
Elles ont commencé à 6 heures du soir et il faut une
minute pour chaque déplacement. A quelle heure de-
vront-elles dîner ?

Pour faire cette opération je place les 10 premiers nombres de la série naturelle ainsi :

$$1 \times 2 \times 3 \times 4 \times 5 \times 6 \times 7 \times 8 \times 9 \times 10$$

et j'en fais le produit, qui égale ici 5628800 changements, et par conséquent autant de minutes. Ensuite je réduis ces minutes en heures, en jours, et en années, et je trouve 6 ans et 330 jours, ou 6 ans 11 mois.

Opérations.

1re

$$
\begin{array}{r}
1 \\
\times \quad 2 \\
\hline
= \quad 2 \\
\times \quad 3 \\
\hline
= \quad 6 \\
\times \quad 4 \\
\hline
= \quad 24 \\
\times \quad 5 \\
\hline
= \quad 120 \\
\times \quad 6 \\
\hline
= \quad 720 \\
\times \quad 7 \\
\hline
= \quad 5040 \\
\times \quad 8 \\
\hline
= \quad 40320 \\
\times \quad 9 \\
\hline
= \quad 562880 \\
\times \quad 10 \\
\hline
= \quad 5628800 \quad \text{changements ou minutes.}
\end{array}
$$

2ᵉ 5 6 2 8 8 0 0 minutes | 6 0 minutes
   0 2 8 8 | 6 0 4 8 0 heures
     4 8 0 | 1 2 4
       0 0 0 | 0 4 8
                           | 0 0 0

3ᵉ | 2 4 heures   4ᵉ 2 5 2 0 jours | 5 6 5 jours
   | 2 5 2 0 jours   reste 5 5 0 jours | 6 ans

5ᵉ 5 5 0 jours | 5 0 jours
    0 5 0 | 1 1 mois
    0 0 |

Réponse. Ces 10 personnes devront dîner dans 6 ans
et 550 jours à 6 heures du soir, ou dans 6 ans 11
mois à la même heure.

————

Voulez-vous bien me partager la somme de 2500
francs entre autant de personnes qu'elles auront de pièces de monnaie, et me dire combien il y aura de personnes et combien chacune aura de pièces?

Opération.

carré 2 5 0 0 | 5 0 racine carrée
      2 5 | 5   1 0
   0 0 0 0 | ✕ 5
              | 2 5

Réponse. Il y aura 50 personnes qui auront chacune
50 pièces de 1 fr.

Preuve.

$$
\begin{array}{r}
5\ 0 \text{ personnes} \\
\times\ 5\ 0 \text{ pièces de 1 fr.} \\
\hline
=\ 2\ 5\ 0\ 0 \text{ fr. comme à la question.}
\end{array}
$$

M. Poitevin, aéronaute, étant élevé en ballon dans les airs, a laissé tomber une pierre qui a mis 25 secondes pour arriver a terre. A quelle hauteur était-il ?

Opérations.

$$
\begin{array}{cc}
1^{re}\quad
\begin{array}{r}
1 \\
\times\ 1 \\
\hline
=\ 1
\end{array}
&
2^{e}\quad
\begin{array}{r}
2\ 5 \\
\times\ 2\ 5 \\
\hline
1\ 2\ 5 \\
5\ 0 \\
\hline
6\ 2\ 5
\end{array}
\end{array}
$$

$$
3^{e}\quad 1 : 6\ 2\ 5 :: 4\,\text{m}. 90 : x
$$

$$
\begin{array}{r}
\times\ 6\ 2\ 5 \\
\hline
2\ 4\ 5\ 0 \\
9\ 8\ 0 \\
2\ 9\ 4\ 0 \\
\hline
5\ 0\ 6\ 2{,}5\ 0
\end{array}
$$

Réponse. M. Poitevin était à la hauteur de 5062 mètres $^1/_2$.

Quelle est la hauteur d'une tour qui donne 140 mètres d'ombre, lorsqu'en même temps un bâton de 2 mètres de hauteur planté verticalement en donne 5 ?

$$5 : 2 :: 110 : x.$$

$$\begin{array}{r} \times \ \ 2 \\ \hline 2\,2\,0 \end{array} \left| \begin{array}{l} 5 \\ \hline 4\,4\ \text{m.} \end{array} \right.$$

$$\begin{array}{r} 2\,0 \\ \hline 0 \end{array}$$

Réponse. La hauteur de cette tour est de 44 mètres.

———

Quelle est la hauteur d'un arbre qui donne 95 mètres d'ombre, lorsqu'en même temps un bâton de 2 mètres de hauteur planté verticalement en donne 5 ?

$$5 : 2 :: 95 : x$$

$$\begin{array}{r} \times \ \ 2 \\ \hline 1\,9\,0 \end{array} \left| \begin{array}{l} 5 \\ \hline 5\,8\ \text{m.} \end{array} \right.$$

$$\begin{array}{r} 4\,0 \\ \hline 0 \end{array}$$

Réponse. La hauteur de cet arbre est de 58 mètres.

———

Sept hommes ont chacun 7 poches, en chaque poche 7 bourses et en chaque bourse 7 centimes. Ils vont au cabaret et dépensent entre eux tous la somme de 10 francs ; combien ont-ils de reste ?

———

Opérations.

1re	7 hommes		2e	De	2 4 fr. 9 1
×	7 poches			Otez	1 0 , 0 0
=	4 9 poches			Resté	1 4 fr. 0 1
×	7 bourses				
=	5 4 5 bourses				
×	0 fr. 0 7 centimes			R. Ils ont 14 fr. 01	
	2 4,0 1			centime de resté.	

RÉIMPOSITION, RÉPARTITION OU DISTRIBUTION AU MARC LE FRANC.

On a, à répartir, réimposer ou distribuer une somme de 6578 fr. 64 centimes sur un rôle ou entre une masse de 27273 fr. 12 centimes. On demande combien on aura de répartition, réimposition ou distribution ?

```
6 5 7 8 6 4 centimes 0 0 | 2 7 2 7 3 1 2 centimes
1 1 2 4 0 1          6 0 |—————————
  0 5 5 0 9          1 2 | 0 fr. 2 4
```

Réponse. On aura 24 centimes par franc, ou 24 fr. pour 100 fr.

TAUX COMMUN OU PRIX MOYEN.

Quel est le taux commun ou prix moyen de 1207 hectares de terres labourables, ainsi distribuées :

1re classe **3 6 0** hectares à **30** fr. l'hectare
2e d. **2 4 0** id. à 24
3, id. **6 0 0** id. à 12

Opérations.

1re	**3 6 0** hect.		2e	**2 4 0**
:--	--:		:--	--:
×	**5 0** fr.		×	2 4
	1 0 8 0 0 fr.			9 6 0
				4 8 0
				5 7 6 0 fr.

3e	**6 0 0**		4e	**3 6 0** hectares
:--	--:		:--	--:
×	**1 2**			2 4 0
	1 2 0 0			6 0 0
	6 0 0			**1 2 0 0** hect.
	7 2 0 0 fr.			

5e	**1 0 8 0 0** fr.	6e	**2 3 7 6 0** fr.	**1200** fr.
	5 7 6 0		1 1 7 6 0	**19 fr. 80**
	7 2 0 0		0 9 6 0 0	
	2 3 7 6 0 fr.		0 0 0 0 0	

Réponse. Le taux commun ou prix moyen de ces 1200 hectares de terres labourables est de 19 fr. 80 centimes.

———

Un marchand expédie 845 kilogrammes de marchandise et diminue 9 pour 100 pour la tare. Combien doit-il diminuer sur le tout?

1re 100 : 9 :: 845 : x

$$\times \quad 9$$

7 6,0 5

2e   De   8 4 5 kilogr. 0 0
Otez   7 6   ,   0 5

Reste   7 6 8 kilogr. 9 5

Réponse. Il doit diminuer 76 kilogr. 05 décagrammes. Donc l'acheteur n'aura que 768 kilogrammes 95 décagrammes de marchandise à payer.

———

La somme en francs de deux nombres que j'ai est 80, le plus petit est 30 ; quelle somme aurais-je, en multipliant le produit de ces deux nombres par le carré de leur différence ?

Opérations.

1re   8 0   2e   De   8 0
$$\times \quad 5 0$$ Otez   5 0

2 4 0 0   Reste   3 0

3e   5 0   4e   2 4 0 0
$$\times \quad 5 0$$ $$\times \quad 2 5 0 0$$

2 5 0 0   1 2 0

                 4 8

                 6 0 0 0 0 0 0

Réponse. Vous auriez 6.000.000 de francs.

Sept personnes devant dîner ensemble, il s'élève entre elles un combat de politesse sur le choix des places ; enfin quelqu'un, voulant terminer la contestation, propose de se mettre à table comme on se trouve, sauf à dîner ensemble le lendemain et les jours suivants, jusqu'à ce qu'on ait épuisé tous les arrangements possibles. Combien devra-t-on donner de dîners pour cet effet, et combien faudra-t-il de temps pour épuiser toutes les combinaisons différentes de ces sept personnes à table.

Opérations.

$1^{re} \quad 1 \times 2 \times 3 \times 4 \times 5 \times 6 \times 7 = 5040.$

2^e

$$
\begin{array}{r}
1 \\
\times \ 2 \\
\hline
= \ 2 \\
\times \ 3 \\
\hline
= \ 6 \\
\times \ 4 \\
\hline
= \ 24 \\
\times \ 5 \\
\hline
= \ 120 \\
\times \ 6 \\
\hline
= \ 720 \\
\times \ 7 \\
\hline
= \ 5040 \text{ dîners et par conséqent autant de jours.}
\end{array}
$$

5^e
5 0 4 0 jours | 3 6 5 jours
1 3 9 0 | 1 3 ans
reste 2 9 5 jours

4^e
2 9 5 jours | 3 0 jours
2 5 | 9 mois

Réponse. On devra donner 5040 dîners, et il faudra 13 ans 9 mois et 25 jours pour épuiser toutes les combinaisons différentes de ces sept personnes à table.

———

Trois femmes ont porté des œufs au marché. La première en avait 12, la deuxième 18 et la troisième

2 4. Elles ont vendu chacune les siens, partie à raison de 1 sou l'œuf, partie à raison de 1 sou les 7, et ont rapporté chacune 6 sous pour prix de leur vente. Comment la vente s'est-elle opérée ?

Réponse.

La première femme a vendu

| | 5 œufs à 1 sou ce qui fait **5** sous |
| elle en a donné | 7 pour 1 sou ce qui fait **1** |

| Total | 1 2 œufs | pour | 6 sous |

La deuxième femme a vendu

| | 4 œufs à 1 sou ce qui fait **4** sous |
| elle en a donné | 14 pour 2 sous ce qui fait **2** |

| Total | 18 œufs | pour | 6 sous |

La troisième femme a vendu

| | 5 œufs à 1 sou ce qui fait **5** sous |
| elle en a donné | 21 pour 5 sous ce qui fait **5** |

| Total | 24 œufs | pour | 6 sous |

Le mathématicien Sessa, fils de Daher ayant inventé le jeu d'échecs, le présenta au roi de l'Inde qui en fut si satisfait, qu'il voulut lui en donner une marque digne de sa magnificence, et lui ordonna de demander la récompense qu'il voudrait, lui promettant qu'elle lui serait accordée. Le mathématicien se borna à demander un grain de blé pour la première case de son échiquier, deux pour la seconde, quatre pour la troisième, et ainsi de suite jusqu'à la soixante-quatrième et dernière case. Le prince s'indigna presque d'une demande qu'il jugeait répondre mal à sa libéralité, et ordonna à son visir de satisfaire Sessa. Mais quel fut l'étonnement de ce ministre, lorsqu'ayant fait calculer la quantité de blé nécessaire pour remplir l'ordre du prince, il vit que non seulement il n'y avait pas assez de grains dans ses greniers, mais même dans tous ceux de ses sujets et dans toute l'Asie. Il en rendit compte au roi, qui fit appeler le mathématicien, et lui dit qu'il reconnaissait n'être pas assez riche pour remplir sa demande, dont la subtilité l'étonnait encore plus que l'invention du jeu qu'il lui avait présenté.

D'après ce on demande 1° le nombre total des grains de blé que demandait l'inventeur du jeu des échecs; 2° le nombre de mètres cubes qu'il représente sachant qu'un mètre cube contient 20.000.000 de grains de blé ordinaire; 3° le côté du cube ayant cette capacité; 4° le montant en litres, doubles-décalitres, hectolitres, kilolitres et myrialitres; 5° la somme à 25 fr. l'hectolitre; et 6° le poids total sachant qu'un double-décalitre de blé pèse 15 kilogrammes?

1re case	1 grains.
2e	2 grains
3e	4
4e	8
5e	16
6e	32
7e	64
8e	128
9e	256
10e	512
11e	1024
12e	2048
13e	4096
14e	8192
15e	16384
16e	32768
17e	65536
18e	131072
19e	262144
20e	524288
21e	1048576
22e	2097152
23e	4194304
24e	8588608
25e	16777216
26e	33554432
27e	67108864
28e	134217728
29e	268435456
30e	536870912
31e	1073741824
32e	2147483648
33e	4294967296
34e	8589934592
35e	17179869184
36e	34359738368
37e	68719476736
38e	137438953472
39e	274877906944
40e	549753813888
41e	1099511627776
42e	2199025253332
43e	4398046311104
44e	8796093022208
45e	17592186044416
46e	35184357208832
47e	70368744177664
48e	140737488355528
49e	281447497671056
50e	562949995342132
51e	1125899906842624
52e	2253179981436832248
53e	4503599627370496
54e	9007199254740992
55e	18014359850948198 4
56e	36028797018963968
57e	72057594057927936
58e	144115188075855872
59e	288230376151711744
60e	576460752303423488
61e	1152921504606846976
62e	2305843009213693952
63e	4611686018427387904
64e	9225572036854775808

Total 18446744073709551615 grains.

2° 18446744073570.955161 5 grains
$^1/_2$ = 922557203785 mètres cubes.

Pour savoir combien ces grains de blé font de mètres cubes, je les divisise par 20.000.000 qu'il tient dans un mètre cube, ou mieux je retranche les 7 zéros du diviseur et 7 chiffres à droite du dividende, ensuite j'opère la division seulement par 2, ce qui se fait en prenant la moitié des autres chiffres jusqu'au point. On néglige le reste.

Racine cubique.

922,557,205,685 mètres cubés | 9755 racine
729

1955.57

922557   1re 9   2e   9
912673   × 9   × 9

0096642,05   81   81
                    × 9   × 3 fois le carré
                    729   245 de la racine

922557205   5e   97
921167515   × 97

0011698906.85   679
                                        875

                                        9409
922557205685   × 97
920196555857
                                        65865
00051757848   84681

                                        912675

4°   97
   ×   97
      679
    875
   9409
  ×   3 fois le carré de la racine
  28227

5°   973
   ×   973
    2919
   6811
  8757
  946729
   ×   973
  2840187
  6627103
  8520561
  921167513

6°   973
   ×   973
    2919
   6811
  8757
  946729
   ×   3 fois le carré de la racine
  2840187

7°   9753
   ×   9753
    29199
   29199
   68151
  87597
  94751289
   ×   9753
  284195867
  214195867
  665119025
  852581601
  9220196555857

Voici le montant en litres etc.

9223372056855 mètres cubes.
  ×   1000 décimètres cubes ou litres
= 9223372056855000 décimètres cubes ou litres.

Pour avoir des hectolitres, je ne fais que de séparer deux chiffres vers la droite et j'ai 9223372036850 hectolitres. Pour avoir des kilolitres, je ne fais que de séparer trois chiffres vers la droite et j'ai 922337203685 kilolitres.

Pour avoir des myrialitres, je ne fais que de séparer quatre chiffres vers la droite et j'ai 92233720368 myrialitres $\frac{1}{2}$.

Pour avoir des doubles-décalitres, je ne fais que de retrancher le zéro des 20 litres et un zéro à la droite du nombre des litres, ensuite j'effectue ma division en prenant la moitié des autres chiffres.

$$9\,2\,2\,5\,5\,7\,2\,0\,5\,6\,8\,5\,0\,0.0 \text{ litres.}$$

$\frac{1}{2} = 4\,6\,1\,1\,6\,8\,6\,0\,1\,8\,4\,2\,5\,0$ doubles-décalitres

$$\times \qquad 1\,5 \text{ kilogrammes.}$$

$$2\,5\,0\,5\,8\,4\,5\,0\,0\,9\,2\,1\,2\,5\,0$$
$$4\,6\,1\,1\,5\,8\,6\,0\,1\,8\,4\,2\,5\,0$$

$$= \quad 6\,9\,1\,7\,5\,2\,9\,0\,2\,7\,6\,3\,7\,5\,0 \text{ kilogrammes.}$$

$$9\,2\,2\,5\,5\,7\,2\,0\,5\,6\,8\,5\,0 \text{ hectolitres}$$
$$\text{à} \qquad 2\,5 \text{ fr. l'un}$$

$$4\,6\,1\,1\,6\,8\,6\,0\,1\,8\,4\,2\,5\,0$$
$$1\,8\,4\,4\,6\,7\,4\,4\,0\,7\,5\,7\,0\,0$$

$$= \quad 2\,5\,0\,5\,8\,4\,5\,0\,0\,9\,2\,1\,2\,5\,0 \text{ fr.}$$

Pour faire cette opération je commence par écrire 1 grain vis-à-vis la première case, ensuite je le double en disant 2 fois 1 font 2; puis 2 fois 2 font 4 ; 2 fois 4 font 8; 2 fois 8 font 16 ; et ainsi en continuant jusqu'à la 64e et dernière case de l'échiquier. Après ce je fais le total et j'ai pour résultat 18.446.744.073.709. 551.615 grains.

Ensuite je divise 18446744075709551615 grains par 20.000.000 de grains que contient un mètre cube et j'obtiens pour résultat 922.337.203.685 mètres cubes.

Après ce j'extrais la racine cubique de ce nombre en commençant ainsi :

Je sépare ce susdit nombre en tranches de chacune trois chiffres, puis je dis : le plus grand cube parfait contenu dans 922, est 729 dont la racine est 9. Je retranche 729 (cube de 9) de 922 et il reste 193.

A côté de 193, j'abaisse la tranche suivante et j'ai 193337, je sépare deux chiffres, puis je forme le carré de 9, et j'ai 81 que je multiplie par 3 fois le carré de la racine ce qui me donne 243.

Je divise 1933 par 243 en disant : en 1933 combien y a-t-il de fois 243, je trouve 7 fois que j'écris à la racine;

Je forme le cube de 97 (racine obtenue), et j'ai 912673 que je soustrais de 922337, nombre qui a donné la racine 97.

A côté du reste 9664, j'abaisse la tranche suivante 203, et j'ai 9664203 sur lequel nombre je sépare deux chiffres comme sur 193337 : je forme le carré de la racine 97, ce qui me donne 9409 que je multiplie par 3 fois le carré de la racine, et j'ai pour produit 28227.

Je divise ensuite 96642 par 28227 en disant : en 96642 combien y a-t-il de fois 28227, je trouve 3 fois que j'écris à la racine;

Je forme le cube de 973, et j'ai 921167313 que je soustrais de 922337203, nombre qui a donné la racine 973.

A côté du reste 1169890, j'abaisse la tranche suivante 685, et j'ai 1169890685 sur lequel nombre je sépare deux chiffres; je forme le carré de la racine 973, ce qui me donne 946729 que je multiplie par 3 fois le carré de la racine, et j'ai pour produit 2840187.

Je divise ensuite 11698906 par 2840187 en disant :

en 11698906 combien y a-t-il de fois 2840187, je trouve 5 fois que j'écris à la racine.;

Je forme le cube de 9753, et j'ai 922049655857 que je soustrais de 922557205685, nombre qui a donné la racine 9753, et pour reste 547567848 que je néglige.

Ensuite je continue l'opération de la manière comme on le voit ci-dessus et j'obtiens la solution des questions demandées.

Réponse. 1° Le nombre total des grains de blé que demandait l'inventeur du jeu des échecs est de 18.446. 744.075.709.551.615.

2°. Le nombre de mètres cubes qu'il représente est de 922.557.205.685.

3°. Le côté du cube ayant cette capacité est de 9753 mètres ; c'est-à-dire que chaque côté de ce cube aurait 9753 mètres de longueur sur 9753 mètres de largeur et 9753 mètres de hauteur.

Si l'on voulait faire une boîte cubique capable de renfermer tous ces grains, il faudrait la faire longue de 9753 mètres, large à chaque bout de 9753 mètres, et haute ou profonde de 9733 mètres.

4°. Le montant de ces grains de blé en litres est de 922.557.205.685.000.

En doubles-décalitres de 4.611.686.184.250.

En hectolitres de 9.225.572.036.850.

En kilolitres de 922.557.203.685.

En myrialitres de 92.255.720.568 ¹/₂.

5° La valeur totale de ce blé à 25 fr. l'hectolitre est de 230.584.300.921.250 francs

et 6° Le poids total de 691.752.902.763.750 kilogrammes.

———

Combien Adam, à l'âge de 500 ans, a-t-il pu voir d'hommes existant sur la terre? Et combien à la fin de sa vie ?

En supposant que la race du premier homme, toute déduction faite des morts, ait doublé tous les vingt ans, ce qui n'est pas contraire aux forces de la nature, alors comme le nombre 20 est contenu 25 fois dans 500, il faut élever 2 (nombre qui a doublé tous les 20 ans) à la vingt-cinquième puissance; ce qui se fait en disant : 2 fois 2 font 4 ; 2 fois 4 font 8 ; 2 fois 8 font 16 ; 2 fois 16 font 52 ; 2 fois 52 font 64 et ainsi jusqu'à 25 fois qui donne 33.554.452 comme on peut le voir à la 25e puissance du jeu des échecs ci-devant, attendu que cette opération ci est à faire de la même manière.

Adam à la fin de sa vie, c'est-à-dire en l'an 900 (puisqu'il est né l'an du monde 1er et qu'il a vécu 900 ans) a pu voir un nombre d'hommes indiqué par la quarante-cinquième puissance de 2, qui est 35.184.572 088.832, comme on peut le voir également à la 45e puissance du jeu des échecs.

On remarquera que pour obtenir les 45 puissances, il faut diviser 900 ans par 20 ans et il vient 45 au quotient. Ce qui prouve que le nombre 20 est contenu 45 fois dans 900.

Réponse. Adam a pu voir au bout de 500 ans 33.554.432 hommes existant sur la terre. Et à la fin de sa vie, c'est-à-dire au bout de 900 ans 35.184. 572.088.832.

———

Comment m'écrirez-vous 13 avec quatre chiffres ordinaires et de même espèce ?

Je l'écrirai ainsi :

$$
\begin{array}{r}
11 \\
1 \\
1 \\
\hline
\end{array}
$$

Total   13

Quel est le nombre dont le carré, multiplié par 25, donne 32400?

Opérations.

```
1re   5 2 4 0 0 | 2 5
      0 7 4     | ═ 1 2 9 6
        2 4 0
        1 5 0
          0 0
```

```
2e    1 2.9 6 | 5 6 racine carrée.
      9       |
      ------- |       5        6.6
      5 9.6   |     × 5      × 6
      5 9 6   |     ---      -----
      ------- |       9        5 9 6
      0 0 0   |
```

Réponse. Ce nombre est 36.

Preuve.

```
         3 6
       × 3 6
       ------
       2 1 6
       1 0 8
       ------
       1 2 9 6
       ×   2 5
       ------
       6 4 8 0
       2 5 9 2
       ------
       5 2 4 0 0
```

Un certain nombre fut ajouté au produit de deux nombres égaux, et le tout fait 105681 ; quel sont ces nombres ?

Opération.

```
1 0.5 6.8 1  | 3 2 1 racine carrée.
    9        |
 ─────       |      5        6.2       6 4.1
   1 3.6     |    × 5      × 2       × 1
   1 2 4     |   ─────    ─────     ─────
 ─────       |      9      1 2 4     6 4 1
 0 1 2 8.1   |
     6 4 1   |
 ─────       |
   6 4 0     |
```

Réponse. 321 est le nombre multiplié par lui-même, et le reste 640 est le nombre ajouté au produit.

Preuve.

```
        3 2 1
      × 3 2 1
      ───────
        3 2 1
      6 4 2
    9 6 3
 = 1 0 5 0 4 1
ajouté   6 4 0 qui reste
 ─────────────
 = 1 0 5 6 8 1
```

Quel est le quotient de 2 unités divisées par 0 unité 0016 dix-millièmes ?

Operation.

```
2 0 0 0 0 dix–millièmes. | 1 6 dix–millièmes.
1 6                      |
————                     | 1 2 5 0
0 4 0                    |
3 2
————
0 8 0
  8 0
————
0 0 0
```

Réponse. Le quotient de 2 unités divisées par 0,0016 est de 1250

2 unités valent 20000 dix-mmillièmes.

————

Une personne a laissé les 2/5 des des 3/4 de son bien à un neveu et le reste a son fils qui hérite de 25000 francs. Combien cette personne possédait-elle, et combien le neveu a-t-il eu ?

Opérations.

1re Il faut prendre les 2/5 de 3/4, ce qui fait ainsi :

$$\frac{2 \times 2}{5 \times 4} \quad \frac{2}{5} \times \frac{5}{4} \quad ^{6}/_{12} \quad 6. \Big| \frac{1\,2}{= \, ^{6}/_{12} \text{ ou } ^{1}/_{2}}$$

$$= 6 \quad = 12$$

2e De   1 unité ou 2/2
  Otez   1/2
  ————————————————————————
  Reste   1/2 qui égale 25000 fr.

3e Si 1/2 vaut 25000 fr., combien vaudra l'autre demi qu'il faut pour faire l'unité ?

$^1/_2$: 25000 fr. :: $^1/_2$: x.   4°   2 5 0 0 0 fr.

$$
\begin{array}{r}
\times \quad 1 \\
\hline
25000 \\
05 \\
0000
\end{array}
\qquad
\begin{array}{r}
1 \\
\hline
25000 \text{ fr.}
\end{array}
\qquad
\begin{array}{r}
2 5 0 0 0 \text{ fr.} \\
+ \; 2 5 0 0 0 \text{ fr.} \\
\hline
= 5 0 0 0 0 \text{ fr.}
\end{array}
$$

Réponse. Cette personne possédait 50000 francs. Le neveu ayant eu $^1/_2$, a eu 25000 fr.

Le fils qui hérite de 25000 fr., hérite de l'autre moitié.

Donc cette personne possédait 50000 fr.

———

Un berger interrogé sur le nombre de moutons qu'il a, répond :

Le nombre de mes moutons, multiplié par $^2/_3$ donne 60. Combien en a-t-il ?

Opérations.

Il faut diviser 60 moutons par $^2/_3$, ce qui se fait ainsi :

$$
\dfrac{6 0 \times 3}{2}
\qquad
\begin{array}{r}
6 0 \\
\times \quad 3 \\
\hline
1 8 0 \\
0 0
\end{array}
\left|
\begin{array}{l}
2 \\
\hline
9 0 \text{ moutons.}
\end{array}
\right.
$$

Réponse. Ce berger a 90 moutons.

Preuve.

9 0 moutons $\times$ $^2/_3$.

$$
\dfrac{9 0 \times 2}{3}
\qquad
\begin{array}{r}
9 0 \\
\times \quad 2 \\
\hline
1 8 0 \\
0 0
\end{array}
\left|
\begin{array}{l}
3 \\
\hline
6 0 \text{ moutons.}
\end{array}
\right.
$$

Une perche de 3 mètres plantée d'aplomb a une ombre de 5 mètres, et au même moment l'ombre d'un peuplier est de 35 mètres; quel est la hauteur de l'arbre?

Opérations.

$$3 : 5 :: x : 35$$
$$x = \frac{3 \times 55}{5} = 21 \text{ mètres.}$$

$$\times \begin{array}{c} 5 \\ 35 \end{array}$$

$$\begin{array}{c} 15 \\ 9 \end{array} \Big| 5$$

$$\begin{array}{c} 105 \\ 05 \\ 0 \end{array} \Big| 21 \text{ mètres}$$

Réponse. La hauteur de ce peuplier est de 21 mètres.

Quel est le dividende d'une division dont le quotient est 1111 le diviseur 1111, et le reste 1111?

Opération.

$$\begin{array}{r}
1111 \\
\times \ 1111 \\
\hline
1111 \\
1111 \\
1111 \\
1111 \\
\end{array}$$

Reste $\underline{\quad 1110}$

$$1235451$$

Réponse. Ce dividende est 1.235.451.

Preuve.

```
1 2 5 5 4 5 1 | 1 1 1 1
1 1 1 1       | ‾‾‾‾‾‾‾
‾‾‾‾‾‾‾‾‾       1 1 1 1
0 1 2 4 4
  1 1 1 1
‾‾‾‾‾‾‾‾‾
  0 1 3 3 3
    1 1 1 1
  ‾‾‾‾‾‾‾‾‾
    0 2 2 2 1
      1 1 1 1
    ‾‾‾‾‾‾‾‾‾
      1 1 1 0
```

Un décimètre cube d'eau pèse 1 kilogramme. Combien pèse un mètre cube, un centimètre cube et un millimètre cube ?

Un décimètre cube est un litre.
Il y a 1000 décimètres cubes ou litres dans un mètre cube.

Opération.

1 0 0 0 décimètres cubes 001001 millimètres cubes.
$\times$ 1 kilogramme.
‾‾‾‾‾‾‾‾‾‾‾‾‾‾‾‾‾‾‾
1 0 0 0,0 0 1,0 0 1

Réponse. Un mètre cube, un centimètre cube et un millimètre cube d'eau pèsent 1000 kilogrammes, un gramme et un milligramme.

Quel est le nombre qui, étant augmenté de 85 et divisé par 9, donne 25 au quotient ?

Opérations.

1re	2 5	2e De	2 2 5
×	9	Otez	8 5
=	2 2 5	Reste	1 4 0

3e
+ 1 4 0
   8 5 | 9
= 2 2 5 | 2 5   Réponse. Ce nombre
   4 5   est 140.
   0

CONVERSION DES SOUS EN CENTIMES.

D. Que faut-il faire pour convertir des sous en centimes ?

R. Pour convertir des sous en centimes il faut ajouter un zéro au nombre des sous et prendre la moitié.

Ainsi pour 13 sous, on ajoute un zéro, ce qui fait 130, on en prend la moitié et on a 65 centimes pour résultat.

Exemple.

$1/2 =$ 1 3 0
       6 5

2e. Exemple.

Combien 875 sous font-ils de francs et centimes ?

$$\begin{array}{r} 7\,8\,5\,0 \\ ^1/_2 = \quad 5\,9,2\,5 \end{array}$$

Réponse. 785 sous font
39 fr. 25 centimes.

MANIÈRE DE FAIRE L'ADDITION EN COMMENÇANT PAR LA GAUCHE.

D. Comment se fait l'addition en commençant par la gauche?

R. Pour faire l'addition en commençant par la gauche il faut ajouter tous les nombres de la prémière colonne ensemble, puis écrire le total en entier. Ensuite écrire le total de la seconde colonne sous ce premier total, ayant soin de mettre les dizaines sous le dernier chiffre à droite et ainsi de suite. Après ce, faire le total général.

1er. Exemple.

On demande le total des sommes suivantes:
454 fr. + 225 fr. + 115 + 518 + 222.

$$\begin{array}{r} 4\,5\,4 \\ 2\,2\,5 \\ 1\,1\,5 \\ 5\,1\,8 \\ 2\,2\,2 \\ \hline 1\,5\,5\,4 \end{array} \qquad \begin{array}{r} 1\,2 \\ 1\,1 \\ 2\,4 \\ \hline 1\,5\,3\,4 \end{array}$$

Réponse. Le total de ces sommes est de 1534.

Pour faire cette opération je commence par la gauche en disant : 4 et 2 font 6 et 1 font 7 et 3 font 10.

et 2 font 12 ; j'écris 12.

Puis 5 et 2 font 7 et 1 font 8 et 1 font 9 et 2 font 11 que j'écris.

Puis 4 et 5 font 9 et 5 font 14 et 8 font 22 et 2 font 24 que j'écris. Ensuite je fais le produit de ces sommes par une nouvelle addition, mais en commençant par la droite et j'ai pour produit réel 1354.

2ᵉ. *Exemple.*

Quel est le total de 3245 fr. 25 centimes + 8745 fr. 75 + 15970 fr. 85 + 3855 fr. 45 + 5655 fr. 25 + 475 fr. 65 + 2980 fr. 35 + 1250 fr. 50 ?

3 2 4 5 fr. 2 5	1
8 7 4 5 , 7 5	2 7
1 5 9 7 0 , 8 5	4 7
5 8 5 5 , 4 5	4 5
5 6 3 5 , 2 5	2 5
4 7 5 , 6 5	5 7
2 9 8 0 , 3 5	3 5
1 2 5 0 , 5 0	4 2 1 5 9,0 5

4 2 1 5 9 , 0 5 comme en

commençant par la gauche.

Réponse. Ce total est de 42159 fr. 05 centimes.

3ᵉ. *.Exemple.*

Quel est le total des sommes suivanteés :

2 mètres 15 centimètres + 1 m. 25 + 0 m. 35 + 1 m. 10 + 1 m. 20 ?

```
2 m 1 5
1 , 2 5
0 , 3 5
1 , 1 0
1 , 2 0
```

Réponse. Le total de ces sommes est de 6 mètres 05 centimètres.

```
6 , 0 5
```
comme en commençant par la gauche.

```
    5
    9
  1 5
─────────
  6,0 5
```

Un épicier vend 1 fr. 60 centimes le kilogramme de fromage de Gruyère ; combien doit-il en donner de grammes pour 10 centimes

Opération.

Si pour 1 fr. 60 on a 1000 grammes ou un kilogr. de fromage ; combien en aura-t-on pour 10 centimes ?

$$160 : 1000 :: 10 : x$$

```
       × 1 0
      ─────────
       1 0 0 0 0  │ 1 6 0
       0 4 0 0    │ ──────
       0 8 0 0    │ 6 2,5
       0 0 0
```

R. Il doit en donner 62 grammes $\frac{1}{2}$.

Le sucre vaut 15 sous le demi-kilogramme ; je vais en chercher pour 20 centimes chez un marchand ;

combien doit-il m'en donner de grammes ?

Opération.

Si pour 1 fr. 50 on a 1000 grammes ou un kilogr. de sucre ; combien en aura-t-on pour 20 centimes ?

$$150 : 1000 :: 20 : x$$

$$\times \ \ 20$$

```
  20000        | 150
  0500         |—————
   0500        | 155
    050
```

R. Il doit vous en donner 155 grammes, ou 1 hectogramme et 55 grammes.

——————

Le café vaut 2 francs le demi-kilogr. ; je vais en chercher pour 25 centimes chez un marchand ; combien doit-il m'en donner de grammes ?

Opération.

Si pour 2 francs on a 500 grammes ou $\frac{1}{2}$ kilogr. de café ; combien en aura-t-on pour 25 centimes ?

$$2 : 500 :: 25 : x$$

$$\times \ \ 25$$

```
   25
  10
 —————
  12500 centimes      | 200 centimes
   0500               |——————————
    1000              |   62,5
     000
```

R. Il doit vous en donner 62 grammes $\frac{1}{2}$.

L'ÉTRANGER A PARIS.

Un étranger arrivant à Paris se mit à l'auberge pour 30 jours, à raison de 20 sous par jour ; il n'avait que 5 pièces, valant ensemble 30 francs, avec lesquelles il satisfit tous les jours son hôte, sans qu'il restât rien de part ni d'autre. On demande la valeur des 5 pièces.

Solution.

La moindre des pièces valait 20 sous ou	1 fr.
La deuxième	2
La troisième	4
La quatrième	8
Et la cinquième	15
Total	50 fr.

Le premier jour il donna la première pièce, 1 fr.
Le 2e jour il donna 2 fr. et retira la première.
Le 3e jour il donna 1 fr.
Le 4e il donna 4 fr. et retint 1 fr. et 2 fr. et ainsi de suite.

D. Quel est le nombre le plus importun ?
R. C'est 99 parce qu'il est *pressant*. (près cent).
Chaviro, chamipataro, robrulapatacha, chalacharo.

signification.

Chat vit rôt, chat mit patte à rôt, rôt brûla patte à chat, chat lâcha rôt.

Combien doit-on payer pour 7 livres et demie de viande à 15 sous la livre ?

Opération.

```
        7,5         R. On doit payer 4 fr. 87 centi-
    ✗  0,6 5        mes, ¹/₂, ou 4fr. 88 centimes.
       3 7 5
     4 5 0
    ────────
    4,8 7 5
```

Quel nombre faut-il ajouter à 4 millièmes pour avoir 15 centièmes ?

Opération,

```
De     0,1 5 0 millièmes        R. Il faut y ajouter
Otez   0,0 0 4                   146 millièmes.
─────────────────────────
Reste  0,1 4 6 millièmes
─────────────────────────
Preuve 0,1 5 0
```

Il faut 14 mètres cubes d'air à chaque personne toutes les 24 heures pour pouvoir vivre; on demande combien de personnes pourraient vivre pendant 24 heures dans une chambre longue de 6 mètres 50, large de 4 mètres 25 et haute de 5 mètres 15 ?

Opérations.

1re   6,5 0   2e   8 7 m. cubes │ 1 4
    ×   4,2 5   0 3   │   6
    ─────────────
         5 2 5 0
         1 5 0 0
         2 6 0 0
    ─────────────   **R.** Il pourrait y vivre 6
    2 7,6 2 5 0 carrés   personnes, et il y aurait
    ×   5,1 5   5 mètres cubes. 018 déci-
    ─────────────   mètres cubes et 750 centi-
    1 5 8 1 2 5 0   mètres cubes d'air de reste
    2 7 6 2 5 0   dans la chambre.
    8 2 8 7 5 0
    ─────────────
    8 7,0 1 8 7 5 0 cubes

─────────

Il y a 110 litres d'eau-de-vie dans une feuillette,
combien y a-t-il de petits verres de chacun 5 centilitres $^1/_3$?

Opérations.

1re   1 1 0 0 0 centilitres   2e   5 $^1/_3$
     ×   3 tiers   ×   3 tiers
    ────────────────────   ────────────────
    = 3 3 0 0 0 tiers   =   9 tiers
                                    +   1 tiers
                                   ────────────────
                                    =   10 tiers

        3e 3 3 0 0,0 tiers │ 1 0 tiers

Réponse. Il y en a 3300.

Combien doit-on payer pour 17 bouteilles vides à 17 fr. 50 le %/₀ ?

Opération.

```
    1 7,5 0
  × 1 7
  ─────────
    1 2 2 5 0
    1 7 5 0
  ─────────
    2,9 7 5 0
```

R. On doit payer 2 fr. 98 centimes.

———

Que faut-il payer pour 8 miches et demie de pain à 17 sous la miche ?

Opération.

```
      8 , 5
  ×   0 , 8 5
  ─────────
      4 2 5
      6 8 0
  ─────────
  =   7,2 2 5
```

R. Il faut payer 7 fr. 22 centimes $^1/_2$.

———

J'ai acheté 15 doubles-décalitres de pommes-de-terre à 14 sous et 3 centimes l'un ; combien dois-je payer ?

Opération.

```
    1 5     doubles.
  ×   0,7 5  centimes.
  ─────────
      4 5
    1 0 5
  ─────────
    1 0,9 5
```

R. Vous devez payer 10 fr. 95 centimes.

On a payé 10 fr. 95 centimes pour 15 doubles-décalitres de pommes-de-terre; à combien revient le
double?

Opération.

```
1 0,9 5 | 1 5
  0 4 5 | ‾‾‾‾‾‾‾
  0 0   | 0 fr. 7 5
```

R. Le double revient à 75 centimes, ou à 14 sous
et 5 centimes.

———

J'ai vendu 50 livres et 750 grammes de marchandise à 14 sous la livre; combien dois-je recevoir?

Opération.

```
      1 5 kilogr. 75 décagrammes.
  ✕     1 fr. 4 décimes.
      ‾‾‾‾‾‾‾‾‾‾‾‾‾‾‾‾‾‾‾‾‾‾‾‾
        6 5 0 0    R. Vous devez recevoir
        1 5 7 5    22 fr. 05 centimes.
      ‾‾‾‾‾‾‾‾‾‾
      2 2,0 5 0
```

———

J'ai acheté 5 litres ¹/₂ d'eau-de-vie à 1 fr. 25 l'un;
combien dois-je payer?

Opération.

```
      1,2 5
  ✕   5,5
    ‾‾‾‾‾‾‾
      6 2 5      R. Vous devez payer
      6 2 5      6 fr. 87 centimes ¹/₂.
    ‾‾‾‾‾‾‾
    6,8 7 5
```

1	sou vaut	5 centimes
2	sous valent	10
3		15
4		20
5		25
6		30
7		35
8		40
9		45
10		50
11		55
12		60
13		65
14		70
15		75
16		80
17		85
18		90
19		95
20		100 centimes ou 1 fr.

Que doit-on payer pour deux grosses et demie d'écheveaux de fil, à 5 centimes l'écheveau ?

Opération.

Il y a douze douzaines ou 144 écheveaux dans une grosse.

$$
\begin{array}{r}
144 \text{ écheveaux} \\
\times \quad 2 \text{ grosses } 5 \\
\hline
720 \\
288 \\
\hline
= \quad 560,0 \text{ écheveaux} \\
\times \quad 0 \text{ fr. } 05 \\
\hline
= \quad 18,00
\end{array}
$$

R. On doit payer 18 fr.

Que doit-on payer pour 6 litres de haricots, à 6 fr. 50 le double-décalitre ?

Opération.

Un litre représente 5 centièmes.
0 double 30 centièmes.

$$\times \quad 6 \text{ fr. } 5 \, 0$$
$$\overline{1,9 \, 5 \, 0 \, 0}$$

R. On doit payer 1 fr. 95.

J'ai acheté 7 litres et demi de lentilles à 17 fr. 75 le double-décalitre ; combien dois-je payer ?

Opération.

$$
\begin{array}{r}
0 \text{ double } \quad 5 \, 7 \, 5 \\
\times \quad 7 \text{ fr. } \quad 7 \, 5 \\
\hline
1 \, 8 \, 7 \, 5 \\
2 \, 6 \, 2 \, 5 \\
2 \, 6 \, 2 \, 5 \\
\hline
2,9 \, 0 \, 6 \, 2 \, 5
\end{array}
$$

R. Vous devez payer 2 fr. 91 centimes.

Un double-décalitre de lentilles coûte 7 fr. 75 centimes ; à combien revient le litre ?

$$
\begin{array}{r|l}
7 \text{ fr. } 7 \, 5 & 2 \, 0 \text{ litres} \\
4 \quad 7 \, 5 & \overline{0,5 \, 8 \, 7 \, 5} \\
1 \, 5 \, 0 & \\
1 \, 0 \, 0 & \\
0 \, 0 &
\end{array}
$$

R. Le litre revient à 0 fr. 5875 dix-millièmes de franc, ou à 0 fr. 58 centimes et 75 centièmes de centime, ou à 0 fr. 58 centimes et $5/4$ de centime.

J'ai acheté 4 litres de pommes à raison de 5 fr. 50 le décalitre; combien dois-je payer?

Opération.

$$\begin{array}{r} 5{,}5\,0 \\ \times \quad 0 \quad \text{décalitre 4 dixièmes.} \\ \hline 1{,}4\,0\,0 \end{array}$$

R. Vous devez payer 1 fr. 40.

D. A quelle distance la Lune est-elle de nous?
R. Elle est à 544.000.000 de mètres, ou 54.400 myriamètres, ou 544.000 kilomètres, ou 86.000 lieues.
D. Combien une masse de fer rouge de la grosseur de la terre mettrait-elle de temps à se refroidir?
R. Elle mettrait 50 mille ans.

ÉQUATION. *(Prononcez ékouâcion).*

D. Qu'est-ce qu'une *équation?*
R. Une *équation* est l'expression différente de deux quantités égales séparées par le signe de l'égalité.
$$4 + 5 = 5 - 2.$$

Trouvez-moi un nombre tel qu'en l'augmentant de
2, en le diminuant de 2, le multipliant par 2, et le
divisant par 2, on reproduise 45 par l'addition des résultats des quatre opérations ?

Opération.

Soit x le nombre cherché.

En représentant les calculs, au moyen des signes
tels qu'on les ferait si le nombre était connu, on a:
$(x + 2) + (x - 2) + (x \times 2) + (x/2)$
$= 45$. ou bien en ôtant les parenthèses, $x + 2 +$
$x - 2 + x \times 2 + x/2 = 45$.

Additionnant les x et retranchant $+ 2$ et $- 2$
qui se détruisent, il vient :

$$4 x + x/2 = 45.$$

En multipliant chaque terme par 2 on trouve:

$$4 x \times 2 = 8 x$$
$$x/2 \times 2 = x$$
$$45 \times 2 = 90$$

d'où en rétablissant l'équation :
$8 x + x$ ou $9 x = 90$.

Si 9 fois $x = 90$, x tout seul est égal à $90/9$ ou
bien $= 10$. Car en divisant 90 par 9 il vient
10 pour réponse.

$x =$ donc 10 nombre demandé.

Preuve.

1re	10	2e	10	3e	10
	+ 2		− 2		× 2
	= 12		= 8		= 20

4e	10	2	5e	12
	0	= 5		+ 8
				+ 20
				+ 5
				= 45

R. Ce nombre est 10.

MULTIPLICATIONS CONTRADICTOIRES.

D. Qu'appelle-t-on nombres abstraits?

R. On appelle nombres abstraits ceux dont la nature de l'unité n'est pas déterminée, comme 6, 9, 12, etc.

D. Qu'appelle-t-on nombres concrets?

R. On appelle nombres concrets ceux dont la nature de l'unité est déterminée, comme 6 mètres, 9 litres, 12 francs, etc.

D. Qu'y a-t-il d'essentiel à remarquer dans les multiplications contradictoires?

R. Ce qu'il y a d'essentiel à remarquer dans les multiplications contradictoires, c'est que les deux facteurs ne sont jamais concrets, à moins qu'on ne veuille obtenir des surfaces ou des volumes. Faute de ce souvenir de ce principe, on se verra arrêté quelquefois par des difficultés insurmontables, que les plus grands efforts de jugement ne pourront dissiper.

Exemple.

Je propose à une personne de multiplier 1 sou par 1 sou. Elle accepte, et me donne pour résultat 1 sou. « Maintenant, lui dis-je, si vous multipliez 1 sous par 5 centimes, ne devrez-vous pas arriver au même résultat? — Oui, » me répond-elle, et elle essaie d'opérer; mais elle trouve toujours 5 sous au lieu d'un seul qu'elle devait trouver. Pour accroître son embarras, je lui demande si 5 centimes multipliés par 5 centimes ne doivent pas donner le même produit que 1 sou multiplié par 1 sou. Elle croit pouvoir encore me répondre oui, et elle opère avec confiance; mais elle trouve ou 25 centimes, ou 25 dix-millièmes, deux produits qui ne ressemblent nullement à celui de 1 sou.

multiplié par 1 sou. Quel est donc le nœud de cette difficulté, et comment concilier des résultats si contradictoires? Le voici. En multipliant 1 sou par 1 sou, vous prenez une fois 1 sou, c'est-à-dire qu'à parler exactement, vous multipliez 1 sou par 1 et non par 1 sou. De même, quand vous prétendez multiplier 1 sou par 5 centimes, vous prenez 5 fois 1 sou, c'est-à-dire que vous multipliez réellement 1 sou par 5 et non par 5 centimes. Enfin dans la multiplication de 5 centimes par 5 centimes, vous multipliez 5 centimes par 5 et non par 5 centimes; c'est-à-dire que, dans les trois opérations que vous venez d'effectuer, le multiplicateur était toujours un nombre abstrait, quoique dans l'énoncé il fut concret.

Et cela est vrai pour toutes les multiplications, excepté pour celles où l'on se propose d'obtenir des surfaces ou des volumes. Ainsi, si dans l'exemple proposé, vous aviez réellement multiplié 1 sou par 1 sou, vous eussiez obtenu au produit 1 sou carré, comme en multipliant 1 mètre par 1 mètre on obtient 1 mètre carré, ou plutôt vous eussiez trouvé un monstre à 6 dimensions puisque le sou est un volume, et qu'en multipliant un volume par un volume, on obtiendrait nécessairement un produit à six dimensions.

MULTIPLICATIONS où LE MULTIPLICATEUR, DE NOMBRE CONCRET QU'IL EST, DEVIENT NOMBRE ABSTRAIT.

1re. Combien 1 sou multiplié par 1 sou fait-il?

Opération.

```
  1 sou
× 1
= 1 sou
```

Réponse 1 sou multiplié par 1 fait 1 sou.

Combien 5 centimes multipliés par 5 centimes font-ils?

Opération.

$$\times \begin{array}{r} 5 \text{ centimes} \\ 5 \end{array}$$
$$= 25 \text{ centimes.}$$

Réponse. 5 centimes multiplié par 5 font 25 centimes.

4e Combien 1 centime multiplié par 1 centime fait-il ?

Opération.

$$\times \begin{array}{r} 1 \text{ centime} \\ 1 \end{array}$$
$$= 1 \text{ centime}$$

Réponse. 1 centime multiplié par 1 fait 1 centime.

5e Combien 1 décime multiplié par 1 décime fait-il?

Opération.

$$\times \begin{array}{r} 1 \text{ décime} \\ 1 \end{array}$$
$$= 1 \text{ décime.}$$

Réponse. 1 décime multiplié par 1 fait 1 décime.

6e Combien 10 centimes multipliés par 10 centimes font-ils ?

Opération.

$$\times \begin{array}{r} 10 \text{ centimes} \\ 10 \end{array}$$
$$= 100 \text{ centimes}$$

Réponse. 10 centimes multipliés par 10 font 100 centimes ou 1 franc.

7ᵉ Combien 100 centimes multipliés par 100 centimes font-ils ?

Opération.

$$\begin{aligned} 1\,0\,0 \text{ centimes} \\ \times \quad 1\,0\,0 \\ \hline = 1\,0{,}0\,0\,0 \end{aligned}$$

Réponse. 100 centimes multipliés par 100 font 10000 centimes ou 100 francs.

8ᵉ Combien 1 franc multiplié par 1 franc fait-il ?

Opération.

$$\begin{aligned} 1 \text{ fr.} \\ \times \quad 1 \\ \hline = 1 \text{ fr.} \end{aligned}$$

Réponse. 1 fr. multiplié par 1 franc fait 1 franc.

MULTIPLICATIONS OU LE MULTIPLICATEUR RESTE NOMBRE CONCRET.

1ʳᵉ Combien 1 sou multiplié par 1 sou fait-il ?

Opération.

$$\begin{aligned} 1 \text{ sou} \\ \times \quad 1 \text{ sou} \\ \hline = 1 \text{ sou carré.} \end{aligned}$$

Réponse. 1 sou multiplié par 1 sou fait 1 sou carré.

2ᵉ Combien 5 centimes multipliés par 1 sou font-ils ?

Opération

5 centimes	Réponse. 5 centimes multi-
× 1 sou	pliés par 1 sou font 5 centimes.
= 5 centimes	

3e Combien 5 centimes ou 5 centièmes de franc multipliés par 5 centimes ou 5 centièmes de franc font-ils ?

Opération.

	Réponse. 5 centimes ou 5
0 fr. 05	centièmes de franc multipliés
× 0 fr. 05	par 5 centimes ou 5 centièmes
	de franc font 0 fr. 0025 dix-
0,0 0 2 5	millièmes de franc, ou un quart
	de centime.

4e Combien 1 centime ou 1 centième de franc multiplié par 1 centime ou 1 centième de franc fait-il ?

Opération.

	Réponse. 1 centime ou 1
	centième de franc multiplié par
0 fr. 0 1	1 centime ou 1 centième de
× 0 fr. 0 1	franc fait 0 fr. 0001 dix-mil-
0,0 0 0 1	lième de franc ou la centième
	partie d'un centime.

5e Combien 1 décime ou 1 dixième de franc multiplié par 1 décime ou 1 dixième de franc fait-il ?

Opération.

$$0 \text{ fr. } 1$$
$$\times \quad 0 \text{ fr. } 1$$
$$\overline{\quad 0, 0 \; 1 \quad}$$

Réponse. 1 décime ou 1 dixième de franc multiplié par 1 décime ou 1 dixième de franc fait 0 fr 01 centime, ou 1 centième de franc.

6° Combien 10 centimes ou 10 centièmes de franc multipliés par 10 centimes ou 10 centièmes de franc font-ils ?

Opération.

$$0 \text{ fr. } 1\,0$$
$$\times \quad 0 \text{ fr. } 1\,0$$
$$\overline{\quad 0,0\,1\,0\,0 \quad}$$

Réponse. 10 centimes ou 10 centièmes de franc multipliés par 10 centimes ou 10 centièmes de franc font 0 fr. 0100 dix-millièmes de franc, ou 0 fr. 01 centime, ou 1 centième de franc.

7° Combien 100 centimes ou 100 centièmes de franc multipliés par 100 centimes ou 100 centièmes de franc font-ils ?

Opération.

$$1\,0\,0 \text{ centièmes}$$
$$\times \quad 1\,0\,0 \text{ centièmes}$$
$$\overline{\quad 1\,0\,0\,0\,0 \quad}$$

Réponse. 100 centimes ou 100 centièmes de franc multipliés par 100 centimes ou 100 centièmes de franc font 10,000 dix-millièmes de franc, ou 1 franc.

8° Combien 1 franc multiplié par 1 franc fait-il ?

Opération.

$$\begin{aligned} 4 \text{ fr.} \\ \times \quad 4 \text{ fr.} \\ \hline = \quad 4 \text{ fr. carré.} \end{aligned}$$

Réponse. 4 franc multiplié par 4 franc fait 4 franc carré.

D. Quelle est la vitesse de l'électricité ?
R. La vitesse de l'électricité est de 580.000.000 mètres par seconde, ou 580.000 kilomètres, ou 145.000 lieues.

J'ai une pièce de 2 hectolitres 20 litres de vin de Bordeaux, je veux le mettre dans des bouteilles contenant chacune 0 litre 75 centilitres; combien m'en faudra-t-il ?

Opération par les décimales.

2 2 0 0 0 centièmes,	7 5 centièmes.
7 0 0	2 9 3 $^4/_5$
2 5 0	
2 5	

Réponse. Il vous en faudra 293 $^4/_5$.

Même opération par les fractions ordinaires.

$$2\,2\,0 \text{ litres.}$$
$$\times \quad 4 \text{ quarts.}$$
$$= 8\,8\,0 \text{ quarts de litre}$$
$$2\,8$$
$$4\,0$$
$$1$$

3 quarts de litre.
$$= 2\,9\,5\,{}^{1}/_{5}$$

comme ci-devant.

MANIÈRE D'ÉCRIRE UNE LETTRE A QUELQU'UN SANS QU'AUCUNE PERSONNE PUISSE LA LIRE QUE CELLE A QUI ON L'AURA ADRESSÉE.

a	b	c	d	e	f	g	h	i	j	k	l	m	n	o	p	q	r	s	t	u	v	x	y	z
z	y	x	u	t	s	r	q	p	o	n	m	l	k	j	i	h	g	f	e	d	c	b	a

Exemple.

Jzhçg, nu 17 Mzq 18.

Mklgçueh,

Pu xkmmulxu xuffu nuffhu jzhxu ieu pu l'zq hqul z uzqhu , uf pu zu
tqlçg jzhxu ieu pu l'zq hqul z dkeg vqhu.

VEMKLF.

Signification.

Paris, le 17 Mai 18   .

Monsieur,

Je commence cette lettre parce que je n'ai rien à
aire, et je la finis parce que je n'ai rien à vous dire.

DUMONT.

NOTA. *Envoyer la clé à part*^e

AUTRE MANIÈRE.

CONSULAIRE.

c	o	n	s	u	l	a	i	r	e
1	2	3	4	5	6	7	8	9	0

Restant des lettres de l'alphabet à ajouter aux chiffres.

b, d, f, g, h, j, k, m, p, q, t, v, x, y, z

Exemple.

P7984 , 60 7 J583 18

M2548059 Pôt2t 40978t b805 78m7b60 486
p25v78t vo389 d8309 D8m734h0 p924h785 44 425–
975t, 7 485q h05904 d5 4289 4h0z M. 90375d, q58
6'05 p980 7v04 854 47540 ot 658 d8t m8660 t03d904–
404.   90375d.

Signification.

Paris, le 7 Juin 18 .

Monsieur Pétot serait bien aimable s'il pouvait venir dîner Dimanche prochain 11 courant, à cinq heures du soir chez M. Renaud, qui l'en prie avec instance et lui dit mille tendresses.   RENAUD.

ENIGME.

Frère de vingt-quatre autres frères,
Je suis toujours au sein des pères et des mères;
Je suis le premier dans Rome, au milieu de Paris;
Je suis dans l'air, dans l'ombre, avec tous les maris.
Je suis loin de la scène et j'aime le théâtre;
Je déteste le jeu et je suis le plaisir;
A la haine, étranger je suis près de haïr,
Sans moi point de parents, sans moi point de marâtre:
Ennemi du métal je cours après de l'or,
Je règne en second dans la France;
En Prusse, même place encore,
Éloigné de l'indépendance,
Que deviendrait sans moi, la liberté?
Toujours ami de la nature,
Je m'éloigne de la beauté,
Et je me mets en deux pour la parure,
On ne me voit jamais dans la boisson,
Et je suis toujours dans l'ivresse,
J'aime beaucoup l'amour et je hais Cupidon.
Je n'aime pas l'amante et chéris la maîtresse.
Je ne vais point aux champs et suis dans les guérets,
Tout comme loin des bois je suis dans les forêts.

L'explication de l'Enigme est la lettre R.

FIN.

Imp. et lith. de H. BARBIER à Montbéliard

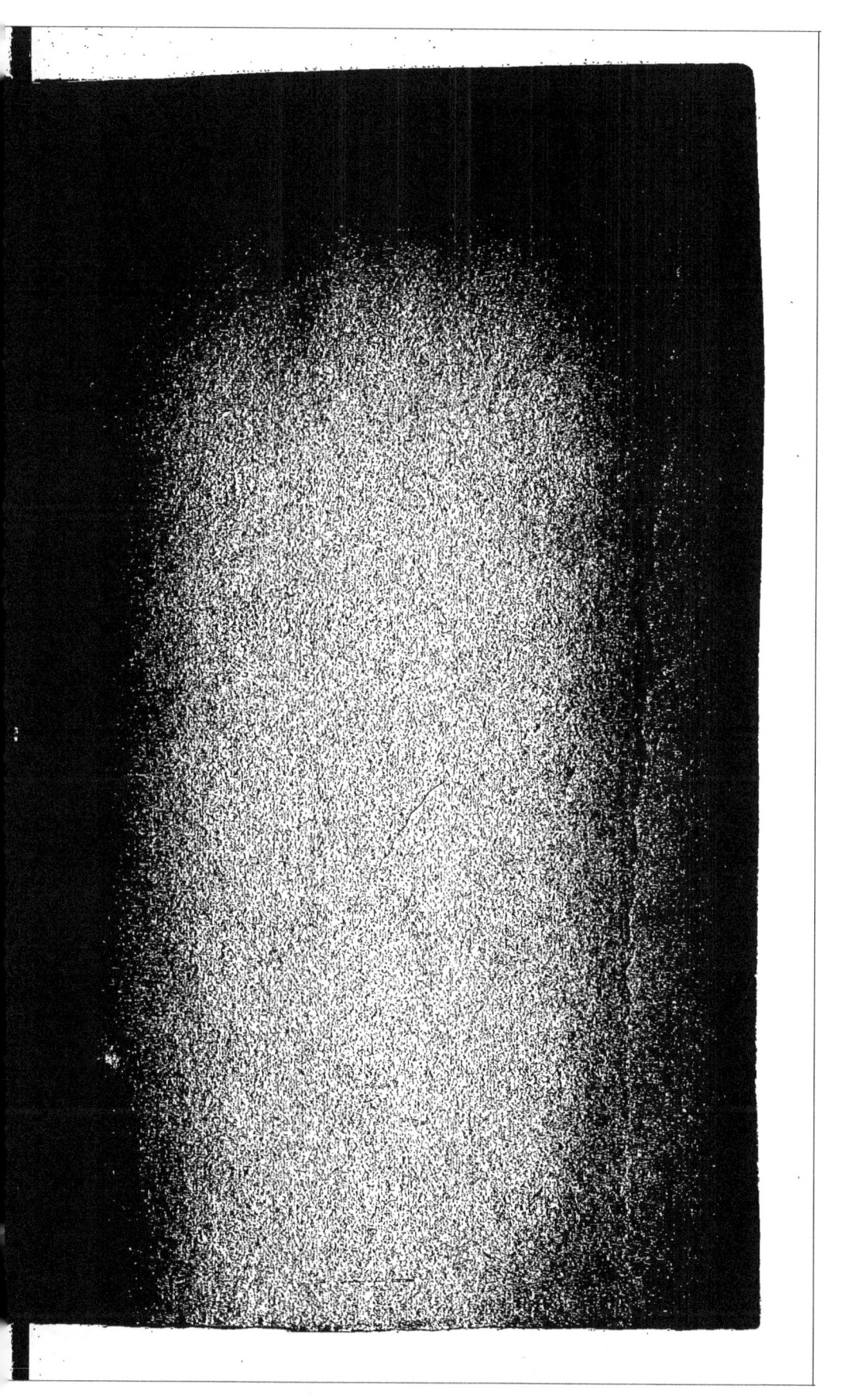

www.ingramcontent.com/pod-product-compliance
Lightning Source LLC
Chambersburg PA
CBHW060342200326

41519CB00011BA/2009